中国地质大学(武汉)实验教材出版项目(SJC－201113) 资助

包气带水文学实验指导书

马传明 编著

中国地质大学出版社有限责任公司
ZHONGGUO DIZHI DAXUE CHUBANSHE YOUXIAN ZEREN GONGSI

内 容 提 要

本书包括四个方面的实验内容：第一部分，包气带土壤物理性质测定；第二部分，包气带土壤水分运动参数测定；第三部分，包气带土壤溶质运移参数测定；第四部分，包气带土壤渗流特征物理模拟。

本书可作为水文与水资源工程、地下水科学与工程、环境工程和地质工程等专业本科生、研究生的实验教学用书，也可供从事包气带水文过程研究的专业人员参考使用。

图书在版编目(CIP)数据

包气带水文学实验指导书/马传明编著. —武汉：中国地质大学出版社有限责任公司，2013.11

中国地质大学(武汉)实验教学系列教材

ISBN 978 - 7 - 5625 - 3271 - 2

Ⅰ. ①包…
Ⅱ. ①马…
Ⅲ. ①包气带水-水文地质-实验-高等学校-教材
Ⅳ. ①P641. 131 - 33

中国版本图书馆 CIP 数据核字(2013)第 261098 号

包气带水文学实验指导 **马传明 编著**

责任编辑：李菊凤 责任校对：张咏梅

出版发行：中国地质大学出版社有限责任公司(武汉市洪山区鲁磨路 388 号) 邮政编码：430074
电 话：(027)67883511 传真：67883580 E - mail：cbb @ cug. edu. cn
经 销：全国新华书店 http://www. cugp. cug. edu. cn

开本：787 毫米×1 092 毫米 1/16 字数：205 千字 印张：8
版次：2013 年 11 月第 1 版 印次：2013 年 11 月第 1 次印刷
印刷：武汉教文印刷厂 印数：1—1 000 册

ISBN 978 - 7 - 5625 - 3271 - 2 定价：18.00 元

前 言

实验教学是“包气带水文学”课程不可缺少的重要教学环节。为了适应教学、科研和生产的需要，在中国地质大学（武汉）实验教材出版项目的资助下，按照“包气带水文学”教学大纲要求，基于实验室条件和掌握的实验教学资料，我们编写了这本《包气带水文学实验指导》书。

本书包括四个方面的实验内容：第一部分为包气带土壤物理性质测定；第二部分为包气带土壤水分运动参数测定；第三部分为包气带土壤溶质运移参数测定；第四部分为包气带土壤渗流特征物理模拟。

本书由马传明编写并统稿。硕士研究生张鹄志，本科生张长城、和泽康、张亚男、范奇等参加了资料收集、实验设计、仪器研制、文字整理、文稿校对和图件清绘等工作。

在本书编写过程中，环境学院梁杏教授、马腾教授给予了大力的支持，靳孟贵教授提出了大量的宝贵意见，在此向他们表示衷心的感谢！

实验设计、仪器研制以及本书编写过程中，我们参阅了前人大量相关研究成果，所有引用的文献已尽量注明，但限于疏漏未能全部列出，在此向他们表示诚挚的歉意和谢意。

笔者对所有为本书审订、修改、编辑和出版付出了辛勤劳动的同志们致以真诚的感谢。

由于本书所涉及的内容相当广泛，尽管我们从事包气带水文学实践教学和科研工作多年，但仍感到编写水平有限，书中难免有不当、不足甚至错误之处，敬请广大读者提出宝贵意见和建议，以便使本书再版时能得到进一步地提高和完善。

编著者

2012 年 12 月 12 日

目　录

第一部分　包气带土壤物理性质测定

第二部分　包气带土壤水分运动参数测定

第三部分　包气带土壤溶质运移参数测定

第四部分　包气带土壤渗流特征物理模拟

第一部分

包气带土壤物理性质测定

实验一　包气带土壤粒度成分测定

土壤的粒度成分是土壤中各粒组的质量占土壤总质量的百分比。土壤的粒度成分是通过颗粒分析实验测定的，常用的测定方法有筛分法和沉降分析法：前者是用于粒径小于或等于60mm、等于或大于0.075mm的粗粒组，后者用于粒径小于0.075mm的细粒组；当土壤内同时含大于和小于0.075mm的颗粒时，两类分析方法须联合使用。

第一节　筛分法

一、实验目的

(1)掌握利用筛分法测定粗粒土壤的粒度成分。

(2)通过测定粗粒土壤的粒度成分，进一步理解粗粒土壤的颗粒组成特征。

二、实验内容

测定粗粒土壤的粒度成分。

三、实验原理

筛析法是利用一套孔径不同的标准筛来分离一定量的粗粒土壤中与筛孔径相应的粒组，而后称量，计算各粒组的相对含量，进而确定土壤的粒度成分。

四、实验仪器和用品

(1)标准筛(图1-1)：粗筛孔径为60mm、40mm、20mm、10mm、2mm；细筛孔径为2.0mm、1.0mm、0.5mm、0.25mm、0.1mm、0.075mm。

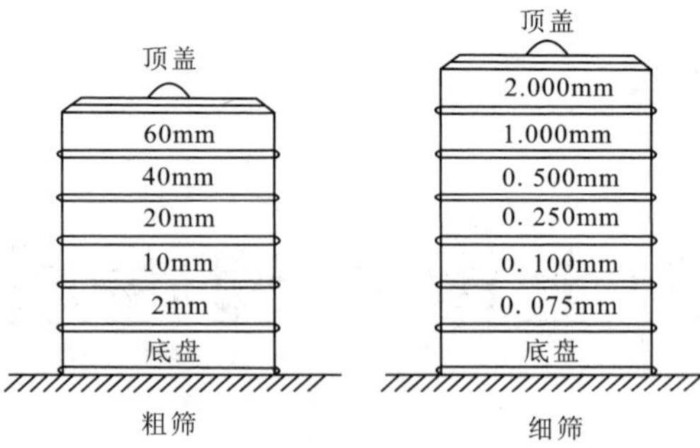

图 1－1　标准筛

(2)普通天平：量程 5 000g，精度 5g；量程 1 000g，精度 1g；量程 200g，精度 0.1g。

(3)其他：磁钵及橡皮头研棒、软毛刷、白纸、尺等。

五、实验步骤

1. 制备试样

(1)风干试样，将试样摊成薄层，在空气中放 1～2 天，使试样中水分蒸发。若试样已干，则可直接使用。

(2)若试样中有结块时，可将试样倒入磁钵中，用橡皮头研棒研磨，直到结块成为单独颗粒为止。

(3)称取试样。从准备好的试样中取代表性试样，数量要求如下：

①最大粒径小于 2mm 者，取 100～300g；

②最大粒径为 2～10mm 之间的，取 300～1 000g；

③最大粒径为 10～20mm 之间的，取 1 000～2 000g；

④最大粒径为 20～40mm 之间的，取 2 000～4 000g；

⑤最大粒径大于 40mm 者，取 4 000g 以上。

然后，利用四分法(图 1－2)来选取试样：

①将试样拌匀，倒在纸上成圆锥形，然后用尺以圆锥顶点为中心，向一定方向旋转，使圆锥成为 1～2cm 厚的圆饼状；

②继而用尺划两条相互垂直的直线，把土壤样分成四等份，取走相同的两份，将留下的两份土壤样拌匀；

③重复上述步骤，直到剩下的土壤样约等于需要量为止。

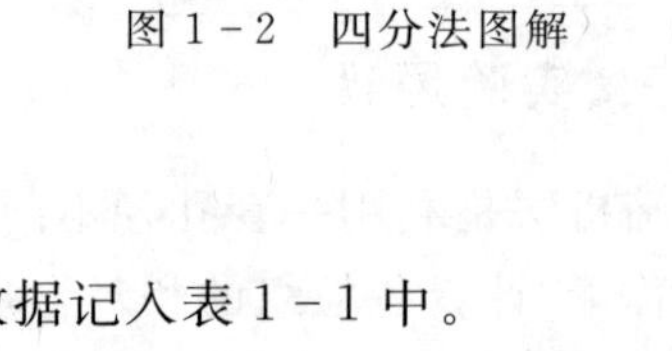

图 1－2　四分法图解

2. 过筛及称量

(1)用普通天平称取一定量的试样 m_A，准确至 0.1g。数据记入表 1－1 中。

(2)检查细筛叠放顺序是否正确(大孔径在上，小孔径在下)，筛孔是否干净，若夹有土壤颗粒，需刷净。将已称量的试样倒入顶层筛盘中，盖好盖，用手或摇筛机摇振，持续时间一般为 10～15min，然后按从上至下的顺序取下筛盘，在白纸上用手轻叩筛盘，摇晃，直到筛净为止。将漏在白纸上的土壤颗粒倒入下一层筛盘内，按此顺序，直到最末一层筛盘筛净为止。

表 1-1　粒度成分测定(筛分法)实验记录表

试样编号			筛前试样总质量 m_A(g)	
孔径 d(mm)		累计留筛土壤颗粒质量 m_B(g)	小于该孔径的土壤颗粒质量 $m_A-\Sigma m_B$(g)	小于该孔径的土壤颗粒质量百分比 X(%)
粗筛	60			
	40			
	20			
	10			
	2			
细筛	2			
	1			
	0.5			
	0.25			
	0.01			
	0.075			

实验者：　　记录/计算者：　　校核者：　　实验日期：

(3)称量留在各筛盘上的土壤颗粒质量 m_B，准确至 0.1g，并测量试样中最大颗粒的直径。若大于 2mm 的颗粒超过 50%，再用粗筛进行分析。数据记入表 1-1 中。

六、实验成果整理

1. 计算小于某粒径的土壤颗粒质量占试样总质量的百分比

按式(1-1)计算，准确至小数点后一位：

$$X=\frac{m_A-\Sigma m_B}{m_A}\times 100\% \tag{1-1}$$

式中：X——小于某粒径的土壤颗粒质量占试样总质量的百分比，%；

Σm_B——大于某粒径的土壤颗粒质量，g；

m_A——试样总质量，g。

成果记入表 1-1 中。

各筛盘上土壤颗粒的质量之和与筛前所称试样总质量之差不得大于 1%，否则应重新实验。若两者差值小于 1%，应分析实验过程中误差产生的原因，分配给某些粒组；最终，各粒组百分含量之和应等于 100%。

2. 确定试样类别

若粒径小于 0.075mm 的土壤颗粒含量大于 50%，则该试样不是粗粒土壤，而是细粒土壤，将这一部分用密度计法(见第二节)继续分析。

3.计算不均匀系数 C_u 和曲率系数 C_C

在单对数坐标上绘制土壤颗粒大小分布曲线，求算不均匀系数 C_u 和曲率系数 C_C，说明试样的均一性，并确定试样的名称。

4.编写实验报告

编写土壤粒度成分测定（筛分法）实验报告。

七、注意事项

（1）研磨试样时，研磨力度要合适，不能把颗粒研碎。

（2）在筛析中，尤其是将试样由一器皿倒入另一器皿时，要避免微小颗粒的飞扬。

（3）过筛后，要检查筛孔中是否夹有颗粒，若夹有颗粒，应将颗粒轻轻刷下，放入该筛盘上的试样中，一并称量。

八、思考题

（1）“粒组”与“粒度成分”两术语有什么区别？

（2）试样数量的选取原则？

（3）分析实验过程中误差产生的原因以及误差如何分配。

第二节 密度计法

一、实验目的

（1）掌握利用密度计法测定细粒土壤的粒度成分。

（2）通过测定细粒土壤的粒度成分，进一步理解细粒土壤的颗粒组成特征。

二、实验内容

测定细粒土壤的粒度成分。

三、实验原理

密度计法，是将一定量的土壤（粒径＜0.075mm）放在量筒中，然后加纯水，经过搅拌，使土壤的大小颗粒在水中均匀分布，制成一定量的均匀浓度的土壤悬液（1 000mL）。静止悬液，让土壤颗粒沉降。在土壤颗粒下沉过程中，用密度计测出在悬液中对应于不同时间的不同悬液密度，根据密度计读数和土壤颗粒的下沉时间，就可计算出粒径小于某一粒径 d(mm)的土壤颗粒质量占试样总质量的百分数。

用密度计进行颗粒分析需要作以下三个假定：

（1）斯托克斯定律能适用于土壤颗粒组成的悬液。

（2）实验开始时，土壤的大小颗粒均匀地分布在悬液中。

（3）所采用量筒的直径较密度计直径大的多。

四、实验仪器和用品

(1)密度计(图 1-3):上部干管为一顶端密封,直径均匀的细长圆管;管内紧贴有按密度、相对密度或浓度标记的标尺;躯体是底部呈圆锥形或半球形(以避免附着气泡)的空心圆柱体,其下部是用玻璃隔板制成的压载室,内填满小铅丸等作压载物。目前,通常采用的密度计有甲、乙两种,这两种密度计的制造原理及使用方法基本相同,但密度计的读数所表示的含义则是不同的:

①甲种密度计,读数所表示的是一定量悬液中的干土壤质量,刻度单位以 20℃时每1 000mL悬液内所含土壤质量的克数来表示,刻度为－5～50,最小分度值为 0.5;

②乙种密度计,读数所表示的是悬液比重,刻度单位以 20℃时悬液的比重来表示,刻度为 0.995～1.020,最小分度值为 0.000 2。

(2)量筒:容积为 1 000mL,内径为 60mm,高度为 350mm±10mm,刻度为 0～1 000mL;容积 250 为 mL。

(3)漏斗式洗筛:孔径为 0.075mm,洗筛漏斗上口直径略大于洗筛直径、下口直径略小于量筒直径。

(4)搅拌器:轮径为 50mm,孔径为 3mm。

(5)煮沸设备:电热器,锥形烧瓶。

(6)分散剂:4%六偏磷酸钠或其他分散剂。

(7)其他:烘箱、温度计、研钵、秒表、烧杯、蒸发皿、天平等。

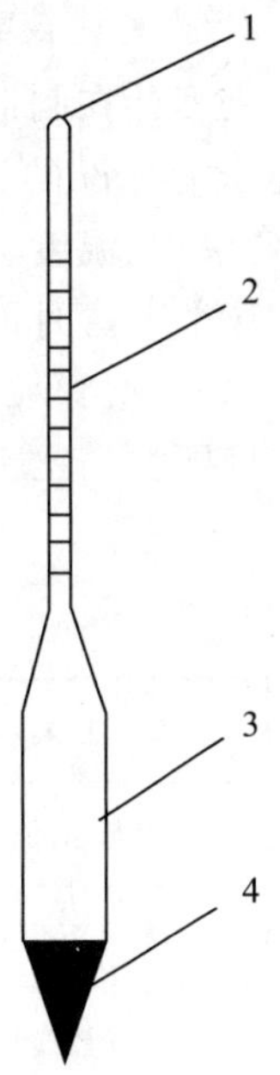

图 1-3　密度计

1. 干管;2. 标尺;3 躯体;4. 压载室

五、实验步骤

1. 土壤颗粒沉降距离校正

(1)测定密度计浮泡体积:在 250mL 量筒内倒入约 130mL 纯水,并保持水温为 20 ℃,以弯液面上缘为准,测记水面在量筒上的读数并划一标记,然后将密度计缓慢放入量筒中,使水面达密度计的最低刻度处(以弯液面上缘为准)时,测记水面在量筒上的读数并再划一标记,水面在量筒上的两个读数之差即为密度计的浮泡体积 V_b,读数准确至 1mL。

(2)测定密度计浮泡体积中心:在测定密度计浮泡体积之后,将密度计垂直向上缓慢提起,并使水面恰好落在两标记的中间,此时,水面与浮泡的相切处(弯液面上缘为准),即为密度计浮泡的中心,将密度计固定在三角架上,利用直尺量出浮泡中心至密度计最低刻度的垂直距离 L'。

(3)测定 1 000mL 量筒的内径(准确至 1mm),并计算出量筒的截面积 A。

(4)量出密度计最低刻度至玻璃杆上各刻度的距离 L_1,每 5 格量距 1 次。

(5)按式(1-2)计算土壤颗粒有效沉降距离:

$$L = L' - \frac{V_b}{2A} = L_1 + \left(L_0 - \frac{V_b}{2A}\right) \tag{1-2}$$

式中:L——土壤颗粒有效沉降距离,cm;

L'——水面至密度计浮泡中心的距离,cm;

L_1——最低刻度至玻璃杆上各刻度的距离，cm；

L_0——密度计浮泡中心至最低刻度的距离，cm；

V_b——密度计浮泡体积，cm^3；

A——1 000mL 量筒的截面积，cm^2。

(6)用所量出的最低刻度至玻璃杆上各刻度的不同距离 L_1 值代入式(1－2)，可计算出各相应的土壤颗粒有效沉降距离 L 值，并绘制密度计读数 R_m(或 R'_m)与土壤颗粒有效沉降距离 L 的关系曲线，从而根据密度计的读数就可得出土壤颗粒有效沉降距离 L 值。

2. 密度计校正

密度计在制造过程中，其浮泡体积及刻度往往不易准确，而且，密度计的刻度是以 20 °C 的纯水为标准的。可见密度计受实验室多种因素的影响，因此，在使用前需要对土壤颗粒比重、弯液面、温度、分散剂等的影响进行校正。校正后密度计的读数＝土壤颗粒比重×(密度计的初读数＋弯月面的校正数＋温度校正数－分散剂的校正数)。

(1)土壤颗粒比重校正。密度计刻度系假定悬液内土壤粒的比重为 2.65 制作的，若实验时土壤颗粒的比重不是 2.65，则必须加以校正，甲、乙两种密度计的比重校正值 C_G、C'_G 可由表 1－2 查得。

表 1－2　密度计的土壤颗粒比重校正值

土壤颗粒比重 G_s	2.50	2.52	2.54	2.56	2.58	2.60	2.62	2.64	2.66
比重校正值(甲种密度计)C_G	1.038	1.032	1.027	1.022	1.017	1.012	1.007	1.002	0.998
比重校正值(乙种密度计)C'_G	1.666	1.658	1.649	1.641	1.632	1.625	1.617	1.609	1.603
土壤颗粒比重 G_s	2.68	2.70	2.72	2.74	2.76	2.78	2.80	2.82	2.84
比重校正值(甲种密度计)C_G	0.993	0.989	0.985	0.981	0.977	0.973	0.969	0.965	0.961
比重校正值(乙种密度计)C'_G	1.595	1.588	1.581	1.575	1.568	1.562	1.556	1.549	1.543

(2)刻度及弯液面校正。实验时，密度计的读数应以弯液面的上缘为准，而密度计制造时其刻度是以弯液面的下缘为准(图 1－4)，因此应对密度计刻度及弯液面进行校正。

将密度计放入 20℃纯水中，此时密度计上弯液面的上、下缘的读数之差即为弯液面的校正值。因弯液面上缘刻度永远大于下缘刻度，故此值永远为正。某些密度计出厂时已注明以弯液面上缘为准，即校正值为零。

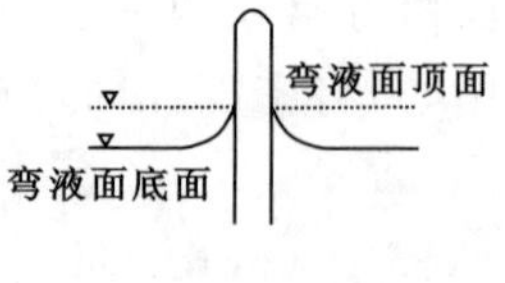

图 1－4　密度计的弯液面校正

(3)温度校正。密度计刻度是在 20℃时刻制的，但实验时的悬液温度不一定恰好等于 20℃，而水的密度变化及密度计浮泡体积的膨胀，会影响到密度计的准确读数，因此需要加以温度校正。密度计读数的温度校正值 m_t 从表 1－3 查得。

(4)分散剂校正。为了使悬液充分分散，常加一定量的分散剂，悬液的密度则比原来的增大，因此应考虑分散剂对密度计读数的影响。具体方法是：首先，将量筒内 1 000mL 的纯水恒温至 20℃；接着，测出密度计在 20℃纯水中的读数；然后，再加实验时采用的分散剂，用搅拌器在量筒内沿整个深度上下搅拌均匀，并将密度计放入溶液中测记密度计读数，两者之差，即为分散剂校正值。

表 1-3　密度计的温度校正值

悬液温度（℃）	甲种密度计温度校正值 m_t	乙种密度计温度校正值 m'_t	悬液温度（℃）	甲种密度计温度校正值 m_t	乙种密度计温度校正值 m'_t	悬液温度（℃）	甲种密度计温度校正值 m_t	乙种密度计温度校正值 m'_t
10.0	−2.0	−0.001 2	17.0	−0.8	−0.000 5	24.0	1.3	0.000 8
10.5	−1.9	−0.001 2	17.5	−0.7	−0.000 4	24.5	1.5	0.000 9
11.0	−1.9	−0.001 2	18.0	−0.5	−0.000 3	25.0	1.7	0.001 0
11.5	−1.8	−0.001 1	18.5	−0.4	−0.000 3	25.5	1.9	0.001 1
12.0	−1.8	−0.001 1	19.0	−0.3	−0.000 2	26.0	2.1	0.001 3
12.5	−1.7	−0.001 0	19.5	−0.1	−0.000 1	26.5	2.2	0.001 4
13.0	−1.6	−0.001 0	20.0	0.0	0.000 0	27.0	2.5	0.001 5
13.5	−1.5	−0.000 9	20.5	0.1	0.000 1	27.5	2.6	0.001 6
14.0	−1.4	−0.000 9	51.0	0.3	0.000 2	28.0	2.9	0.001 8
14.5	−1.3	−0.000 8	21.5	0.5	0.000 3	28.5	3.1	0.001 9
15.0	−1.2	−0.000 8	22.0	0.6	0.000 4	29.0	3.3	0.002 1
15.5	−1.1	−0.000 7	22.5	0.8	0.000 5	29.5	3.5	0.002 2
16.0	−1.0	−0.000 6	23.0	0.9	0.000 6	30.0	3.7	0.002 3
16.5	−0.9	−0.000 6	23.5	1.1	0.000 7			

3. 处理试样及制备悬液

（1）取代表性试样，测定其颗粒密度，并计算其比重 G_s；并根据比重，由表 1-2 查土壤颗粒比重校正值 C_G（或 C'_G）。数据记入表 1-5 或表 1-6 中。

（2）称量烘干试样质量 m_s＝30g，倒入 500mL 锥形瓶，注入纯水 200mL，浸泡过夜。数据记入表 1-5 或表 1-6 中。

（3）将盛土壤液的锥形瓶稍加摇晃后放在煮沸设备上进行煮沸，煮沸时间宜为 40min。

（4）将冷却后的悬液全部冲入烧杯中，用带橡皮头研棒研磨；静止约 1min，将上部悬液倒在 0.075mm 洗筛上，经漏斗注入 1 000mL 的大量筒内，遗留杯底沉淀物用橡皮头研棒研散，再加适量纯水搅拌，倒出上部悬液过筛入量筒内。如此反复，直至悬液澄清后将烧杯中全部试样过筛，冲洗干净；将筛上砂粒移入蒸发皿内，烘干后，利用筛分法（见第一节）继续分析。

（5）在大量筒中加入 4%浓度的六偏磷酸钠 10mL，再注入纯水至 1 000mL。确定分散剂

校正值 $C_D(C'_D)$，数据记入表 1－5 或表 1－6 中。

4. 按时测定悬液的密度及温度

(1)将搅拌器放入量筒中，沿悬液深度上下搅拌 1min，使土壤颗粒完全均布到整个悬液中。注意搅拌时勿使悬液溅出量筒外。

(2)取出搅拌器，同时立即开动秒表，将密度计放入悬液中，测记 0.5、1、2、5、15、30、60、120、240 和 1 440min 时的密度计读数 R_m(或 R'_m)，甲种密度计应准确至 0.5，估读至 0.1；乙种密度计应准确至 0.000 2，估读至 0.000 1；并测定其相应的悬液温度 T，准确至 0.5℃。根据实验情况或实际需要，可增加密度计读数次数，或缩短最后一次读数时间。数据记入表 1－5 或表 1－6 中。

(3)根据 $t_{\min}$时密度计读数 R_m(或 R'_m)，从 R_m(或 R'_m)－L 关系曲线中确定土壤颗粒有效沉降距离 L。数据记入表 1－5 或表 1－6 中。

(4)根据 $t_{\min}$时测定的温度 T，从表 1－3 中确定密度计的温度校正值 $m_t(m'_t)$。数据记入表 1－5 或表 1－6 中。

六、实验成果整理

1. 计算颗粒粒径

按斯托克斯公式(1－3)计算试样的颗粒粒径：

$$d=\sqrt{\frac{1800\times 10^4\eta}{(G_s-G_{wt})\rho_{wt}g}\cdot\frac{L}{t}}=A\sqrt{\frac{L}{t}} \tag{1-3}$$

式中：d——土壤颗粒粒径，mm；

η——水的动力粘滞系数，$\times 10^{-6}$kPa·s；

G_s——土壤颗粒比重；

G_{wt}——t℃时水的比重；

ρ_{wt}——4℃时纯水的密度，g/cm^3；

g——重力加速度，×981cm/s^2；

L——土壤颗粒下沉距离，cm；

t——土壤颗粒下沉时间，s；

A——土壤粒径计算系数$\left(=\sqrt{\frac{1800\times 10^4\eta}{(G_s-G_{wt})\rho_{wt}g}}\right)$，与悬液温度和土壤颗粒比重有关，可由表 1－4 查得。

成果记入表 1－5 或表 1－6 中。

2. 计算小于某粒径的土壤颗粒质量占试样总质量的百分比

按式(1－4)或式(1－5)计算小于某粒径的土壤颗粒质量占试样总质量的百分比。

(1)甲种密度计

$$X=\frac{1}{m_s}\times C_G\times(R_m+m_t+n-C_D)\times 100\% \tag{1-4}$$

式中：X——小于某粒径的土壤颗粒质量百分比，%；

m_s——烘干试样质量，g；

C_G——土壤颗粒比重校正值，查表 1－2；

表 1-4　土壤粒径计算系数 A 值表

温度 T(℃)	土壤颗粒比重 G_s								
	2.45	2.50	2.55	2.60	2.65	2.70	2.75	2.80	2.85
5	0.138 5	0.136 0	0.139 9	0.131 8	0.129 8	0.127 9	0.126 1	0.124 3	0.122 6
6	0.136 5	0.134 2	0.132 0	0.129 9	0.128 0	0.126 1	0.124 3	0.122 5	0.120 8
7	0.134 4	0.132 1	0.130 0	0.128 0	0.126 0	0.124 1	0.122 4	0.120 6	0.118 9
8	0.132 4	0.130 2	0.128 1	0.126 0	0.124 1	0.122 3	0.120 5	0.118 8	0.118 2
9	0.130 5	0.128 3	0.126 2	0.124 2	0.122 4	0.120 5	0.118 7	0.117 1	0.116 4
10	0.128 8	0.126 7	0.124 7	0.122 7	0.120 8	0.118 9	0.117 3	0.115 6	0.114 1
11	0.127 0	0.124 9	0.122 9	0.120 9	0.119 0	0.117 3	0.115 6	0.114 0	0.112 4
12	0.125 3	0.123 2	0.121 2	0.119 3	0.117 5	0.115 7	0.114 0	0.112 4	0.110 9
13	0.123 5	0.121 4	0.119 5	0.117 5	0.115 8	0.114 1	0.112 4	0.110 9	0.109 4
14	0.122 1	0.120 0	0.118 0	0.116 2	0.114 9	0.112 7	0.111 1	0.109 5	0.108 0
15	0.120 5	0.118 4	0.116 5	0.114 8	0.113 0	0.111 3	0.109 6	0.108 1	0.106 7
16	0.118 9	0.116 9	0.115 0	0.113 2	0.111 5	0.109 8	0.108 3	0.106 7	0.105 3
17	0.117 3	0.115 4	0.113 5	0.111 8	0.110 0	0.108 5	0.106 9	0.104 7	0.103 9
18	0.115 9	0.114 0	0.112 1	0.110 3	0.108 6	0.107 1	0.105 5	0.104 0	0.102 6
19	0.114 5	0.112 5	0.110 8	0.109 0	0.107 3	0.105 8	0.103 1	0.108 8	0.101 4
20	0.113 0	0.111 1	0.109 3	0.107 5	0.105 9	0.104 3	0.102 9	0.101 4	0.100 0
21	0.111 8	0.109 9	0.108 1	0.106 4	0.104 3	0.103 3	0.101 8	0.100 3	0.099 0
22	0.110 3	0.108 5	0.106 7	0.105 0	0.103 5	0.101 9	0.100 4	0.099 0	0.097 7
23	0.109 1	0.107 2	0.105 5	0.103 8	0.102 3	0.100 7	0.099 3	0.097 9	0.096 6
24	0.107 8	0.106 1	0.104 4	0.102 8	0.101 2	0.099 7	0.098 2	0.096 0	0.095 6
25	0.106 5	0.104 7	0.103 1	0.101 4	0.099 9	0.098 4	0.097 0	0.095 7	0.094 3
26	0.105 4	0.103 5	0.101 9	0.100 3	0.098 8	0.097 3	0.095 9	0.094 5	0.093 3
27	0.104 1	0.102 4	0.100 7	0.099 2	0.097 7	0.096 2	0.094 8	0.093 5	0.092 3
28	0.103 2	0.101 4	0.099 8	0.098 2	0.096 7	0.095 3	0.093 9	0.092 6	0.091 3
29	0.101 9	0.100 2	0.098 6	0.097 1	0.095 6	0.094 1	0.092 8	0.091 4	0.090 3
30	0.100 8	0.099 1	0.097 5	0.096 0	0.094 5	0.093 1	0.091 8	0.090 5	0.089 3

R_m——甲种密度计读数；

m_t——悬液温度校正值，查表 1－3；

n——刻度及弯液面校正值；

C_D——分散剂校正值。

成果记入表 1－5 中。

表 1－5　粒度成分测定((甲种)密度计法)实验记录表

试样编号		烘干试样质量 m_s(g)							
密度计号		土壤颗粒比重 G_s							
量筒编号		比重校正值 C_G							
下沉时间 t(min)	0.5	1	5	15	30	60	120	240	1 440
悬液温度 T(℃)									
土壤颗粒沉降距离 L(cm)									
粒径计算系数 A									
粒径 d(mm)									
密度计读数 R_m									
温度校正值 m_t									
刻度及弯月面校正 n									
分散剂校正值 C_D									
小于粒径 d 的土壤颗粒质量百分数 X(%)									

实验者：　　　　记录/计算者：　　　　校核者：　　　　实验日期：

(2)乙种密度计

$$X = \frac{V}{m_s} \times C'_G \times [(R'_m - 1) + m'_t + n' - C'_D] \times \rho_{w20} \times 100\% \qquad (1-5)$$

式中：X——小于某粒径的土壤颗粒质量百分比，%；

m_s——烘干试样质量，g；

C'_G——土壤颗粒比重校正值，查表 1－2；

R'_m——乙种密度计读数；

m'_t——悬液温度校正值，查表 1－3；

n'——刻度及弯液面校正值；

C'_D——分散剂校正值；

V——悬液体积(＝1 000mL)；

ρ_{w20}——20℃时纯水的密度，取 0.998 2，g/cm³。

成果记入表 1－6 中。

表 1－6　颗粒成分测定((乙种)密度计法)实验记录表

试样编号			烘干试样质量 m_s(g)						
密度计号			土壤颗粒比重 G_s						
量筒编号			比重校正值 C'						
下沉时间 t(min)	0.5	1	5	15	30	60	120	240	1 440
悬液温度 T(℃)									
土壤颗粒沉降距离 L(cm)									
粒径计算系数 A									
粒径 d(mm)									
密度计读数 R'_m									
温度校正值 m'_t									
刻度及弯月面校正 n'									
分散剂校正值 C'_D									
小于粒径 d 的土壤颗粒质量百分数 X(%)									

实验者：　　　　记录/计算者：　　　　校核者：　　　　实验日期：

3. 计算不均匀系数 C_u 和曲率系数 C_c

在半对数坐标上绘制土壤颗粒大小分布曲线，求取不均匀系数 C_u 和曲率系数 C_c，说明该试样土壤的均一性，并确定试样的名称。

必须指出的是，当试样中既有小于 0.075mm 的土壤颗粒，又有大于 0.075mm 的土壤颗粒，需进行密度计法和筛析法联合分析时，应考虑到小于 0.075mm 的土壤颗粒质量占试样总质量的百分比，即应将按式(1－4)或式(1－5)所得的计算结果，再乘以小于 0.075mm 的土壤颗粒质量占试样总质量的百分数，然后再分别绘制密度计法和筛析法所得的土壤颗粒大小分布曲线，并将两段曲线连成一条平滑的曲线。

4. 编写实验报告

编写土壤粒度成分测定(密度计法)实验报告。

七、注意事项

(1)测定悬液密度时，每次读数时均应在预定时间前 10～20s 将密度计徐徐放入悬液中部，不得贴近筒壁，并使密度计竖直，还应在近似于悬液密度的刻度处放手，以免搅动悬液。

(2)每次测得悬液密度后，立即取出密度计，均应将密度计轻轻放在盛有清水的量筒中。

(3)读数要迅速准确，不宜将密度计在悬液中放置时间过久。在正式实验前，必须多次练习密度计的准确读数方法。

(4)实验前,应将量筒放在固定平稳的地方,实验中不得移动,并保持悬液温度稳定。

八、思考题

(1)本实验中,密度计为什么必须进行温度、土壤颗粒比重和分散剂的校正?

(2)为什么用密度计测定悬液密度的时间不必严格地规定?

(3)悬液的温度在本实验中起到哪几方面的影响?

(4)量筒直径的大小对实验结果的准确性会不会有影响?为什么?

实验二　包气带土壤密度和孔隙度测定

土壤的颗粒密度是土壤的固体颗粒质量与颗粒体积之比值，g/cm^3。土壤的颗粒密度测定方法有：

(1)粒径小于5mm的土壤用密度瓶法测定；

(2)粒径等于或大于5mm的土壤，其中等于或大于20mm的颗粒含量少于10%时用浮称法；

(3)粒径等于或大于5mm的土壤，其中等于或大于20mm的颗粒含量等于或大于10%时用虹吸筒法；

(4)当土壤中含有小于和大于5mm的颗粒时，则需分别用密度瓶法、浮称法或虹吸筒法测定不同粒径土壤的颗粒密度，然后加权平均计算土壤的颗粒密度。

土壤的干密度是单位体积土壤的烘干质量，g/cm^3。土壤的干密度由烘干法测定。

土壤的孔隙度指土壤中孔隙体积占土壤总体积的百分率，cm^3/cm^3。土壤的孔隙度一般不直接测定，通常是通过土壤的颗粒密度和干密度计算出来的。

第一节　密度瓶法

一、实验目的

(1)掌握利用密度瓶法测定土壤的颗粒密度。

(2)通过测定土壤的颗粒密度，进一步理解土壤的颗粒密度的物理意义。

二、实验内容

测定粒径小于5mm的土壤的颗粒密度。

三、实验原理

土壤颗粒的质量可用精密天秤测得。土壤颗粒的体积一般应用排出与土壤颗粒同体积之液体的体积方法测得。粒径小于5mm的土壤通常用密度瓶法测定。密度瓶法，其基本原理就是由称好质量的干土壤放入盛满水的密度瓶的前后质量差异，来计算出土壤颗粒的体积，从而进一步计算出土壤的颗粒密度。

在利用密度瓶法测定土壤颗粒体积时，必须注意，所排开的液体体积必须能代表固体颗粒的真实体积。土壤中含有气体，试验时必须把它排尽，否则影响测试精度。可用煮沸法或抽气法排除土壤内气体。所用的液体一般为纯水。若土壤中含有大量的可溶盐类、有机质、胶粒时，则可用中性液体，如煤油、汽油、甲苯和二甲苯，此时必须用抽气法排气。

四、实验仪器和用品

(1)密度瓶：容量为 $100cm^3$ 或 $50cm^3$，有短颈式与长颈式两种(图 2－1)。

(2)分析天秤：量程为 200g，精度为 0.001g。

(3)恒温水槽；准确度为±1℃。

(4)砂浴：能调节温度。

(5)真空抽气设备(图 2－2)。

(6)温度计：测定范围为 0～50℃，精确至 0.5℃。

(7)其他：烘箱、纯水、中性液体、小漏斗、干毛巾、小洗瓶、磁钵及研棒、孔径为 2mm 的筛等。

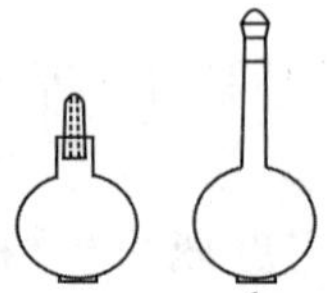

图 2－1　密度瓶

a. 短颈式；b. 长颈式

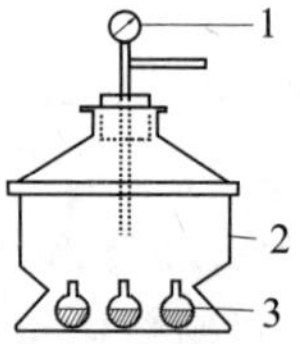

图 2－2　抽气装置

1. 压力表；2. 真空缸；3. 密度瓶

五、实验步骤

1. 制备试样

取有代表性的风干试样约 100g，充分研散，并全部过 2mm 的筛。将过筛风干试样及洗净的密度瓶在 100～105℃下烘干；取出后置于干燥器内，冷却至室温称量后备用。

2. 测定烘干试样质量

称量烘干试样 15g，通过漏斗装入已知质量的烘干密度瓶中，然后在分析天平上称得瓶加试样的质量(精确至 0.001g)，减去瓶的质量即得烘干试样质量 m_s。数据计入表 2－1。

3. 煮沸(或抽气)排气

(1)煮沸排气：注纯水于盛有试样的密度瓶中至半满；轻摇密度瓶，使土壤颗粒分散；将瓶置于沙浴上煮沸，煮沸时间自悬液沸腾起，砂土壤不应少于 30min，黏土壤、粉土壤不得少于 1h，以便排除气体。

(2)抽气排气：将盛有试样及半满纯水的密度瓶放在真空抽气缸内(图 2－2)；接上真空泵，真空度应接近一个大气压，直至摇动时无气泡逸出为止，时间一般不少于 1h。

4. 测定瓶＋水＋试样的质量

若用煮沸排气法时，煮沸完毕后，取出密度瓶冷却至室温，并测定水的温度 T，注纯水于密度瓶中。当用长颈密度瓶，应加纯水于刻度处；当用短颈密度瓶时，应注纯水至瓶口，塞上瓶塞，使多余的水自毛细管中溢出；瓶塞塞好后，瓶内不应留有空气，如有，应再加水重新塞好。然后将密度瓶置于恒温水槽内。待温度稳定和瓶内上部悬液澄清后，取出密度瓶。将瓶外水分擦干后称量，得瓶、水和试样的质量 m_{bws}。数据记入表 2－2 中。

5. 测定瓶+水的质量

倒掉瓶中悬液，洗净密度瓶，灌满纯水加盖，恒温约 15min，使瓶内纯水温度与悬液的温度一致。检查瓶内有无气泡，若有，需排除；然后，擦干瓶外水分称量，得到瓶和水的质量 m_{bw}。数据记入表 2－2 中。

6. 平行测定

进行一次平行测定，其平行测定差值不得大于 0.02g/cm^3，取两个测值的平均值。数据记入表 2－2 中。

六、实验成果整理

1. 计算颗粒密度

按式(2－1)计算试样的颗粒密度，准确至 0.01g/cm^3：

$$\rho_s = \frac{m_s}{m_{bw} + m_s - m_{bws}} \cdot \rho_{wt} \tag{2-1}$$

式中：ρ_s——试样的颗粒密度，g/cm^3；

m_s——烘干试样质量，g；

m_{bws}——瓶+水+试样的质量，g；

m_{bw}——瓶+水的质量，g；

ρ_{wt}——T℃时纯水的密度，g/cm^3，由表 2－1 查得。

成果记入表 2－2 中。

表 2－1　不同温度时水的密度

温度 T(℃)	密度 ρ_{wt}(g/cm^3)	温度 T(℃)	密度 ρ_{wt}(g/cm^3)	温度 T(℃)	密度 ρ_{wt}(g/cm^3)
0	0.999 84	19	—	32	0.995 03
2	0.999 94	20	0.998 203	33	—
4	0.999 97	21	—	34	0.994 37
5	0.999 965	22	0.997 77	35	0.994 03
6	0.999 94	23	—	36	0.993 69
8	0.999 85	24	0.997 30	37	—
10	0.999 700	25	0.997 044	38	0.992 97
12	0.999 50	26	0.996 78	39	—
14	0.999 24	27	—	40	0.992 22
15	0.999 099	28	0.996 23	42	0.991 44
16	0.998 94	29	—	44	0.990 63
17	—	30	0.995 646	45	—
18	0.998 60	31	—	46	0.989 79

表 2-2 颗粒密度测定(密度瓶法)实验记录表

试样编号						
平行测定	Ⅰ	Ⅱ	Ⅰ	Ⅱ	Ⅰ	Ⅱ
烘干试样质量 m_s(g)						
密度瓶+水+试样的质量 m_{bws}(g)						
密度瓶+水的质量 m_{bw}(g)						
T℃时纯水的密度 ρ_{wt}(g/cm^3)						
试样的颗粒密度 ρ_s(g/cm^3)						
试样的颗粒密度平均值 ρ_s(g/cm^3)						

实验者：　　记录/计算者：　　校核者：　　实验日期：

2.编写实验报告。

编写土壤颗粒密度测定(密度瓶法)实验报告。

七、注意事项

(1)煮沸(或抽气)排气时，必须防止悬液溅出瓶外，火力要小，并防止水煮干；必须将土壤中气体排尽，否则影响实验成果。

(2)必须使瓶中悬液与纯水的温度一致。

(3)称量必须准确，测定 m_{bws} 及 m_{bw} 时，必须将密度瓶外水分擦干。

(4)若用长颈式密度瓶，液体灌满密度瓶时，液面位置前后必须一致，以弯液面下缘为准。

八、思考题

(1)粒径小于 5mm 的土壤为什么必须用密度瓶来测定其颗粒密度？

(2)土壤中空气如不排除，所得土壤的颗粒密度偏大，为什么？

(3)土壤的黏粒含量越多，颗粒密度一般越大还是越小？颗粒密度为什么通常按经验取值？

第二节　浮称法

一、实验目的

(1)掌握利用浮称法测定土壤的颗粒密度。

(2)通过测定土壤的颗粒密度，进一步了解土壤的颗粒密度的物理意义。

二、实验内容

测定粒径等于或大于 5mm 的土壤(且其中粒径等于或大于 20mm 的土壤质量应小于土

壤总质量的10%)的颗粒密度。

三、实验原理

土壤颗粒的质量可用精密天平测得。土壤颗粒的体积一般应用排出与土壤颗粒同体积之液体的体积方法测得。测定粒径等于或大于5mm的土壤(且其中粒径等于或大于20mm的土壤质量应小于土壤总质量的10%)的体积通常用浮秤法测定。浮秤法,其基本原理是:根据阿基米德定律,浸在液体里的物体受到向上的浮力作用,浮力的大小等于被该物体排开的同体积液体的重力。那么,把烘干的土壤放入水中,土壤质量的减少量即为同体积排开水的质量,从而可计算出排开水的体积,这就是浸入水中的土壤颗粒的体积,从而进一步计算出土壤的颗粒密度。

四、实验仪器和用品

(1)浮秤天平(图2-3):量程为2kg,精度为0.001g。

(2)孔径小于5mm的金属网篮:直径约为10～15cm,高约为10～20cm。

(3)盛水容器:适合金属网篮沉入。

(4)其他:烘箱、温度计、孔径5及20mm筛、毛巾、瓷盘等。

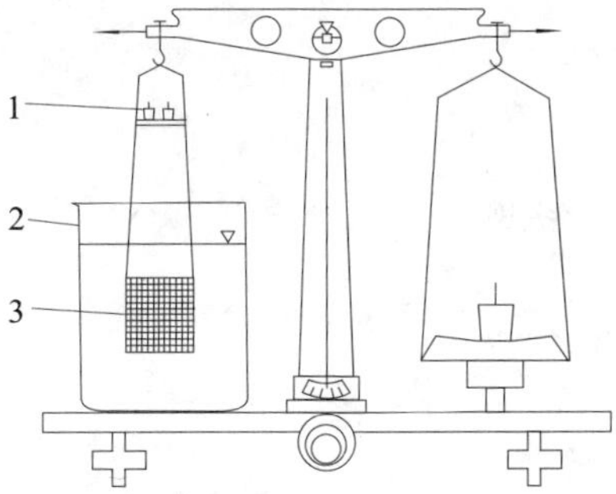

图2-3　浮秤天平

1.调平平衡砝码盘;2.盛水容器;3.盛试样的金属网篮

五、实验步骤

(1)称取代表性试样约1 000g,用清水冲洗。

2、将试样浸在15～25℃的水中,浸泡24h后取出,立即放入金属网篮,缓缓地浸没于水中,并在水中摇晃,至无气泡飘逸出时为止,称取金属网篮和试样在水中总质量(m_2)。数据记入表2-3中。

(3)取出试样烘干,称量烘干试样质量(m_s)。数据记入表2-3中。

(4)称金属网篮在水中的质量(m_1)。数据记入表2-3中。

(5)测定盛水容器内水温T,准确至0.5℃。数据记入表2-3中。

(6)进行一次平行测定,其平行测定差值不得大于0.02g/cm³,取两个测值的平均值。数据记入表2-3中。

表 2-3　颗粒密度测定(浮称法)记录表

试样编号						
平行测定	Ⅰ	Ⅱ	Ⅰ	Ⅱ	Ⅰ	Ⅱ
温度 T(℃)						
T℃时纯水的密度 ρ_{wt}(g/cm³)						
烘干试样质量 m_s(g)						
金属网篮＋试样在水中质量 m_2(g)						
金属网篮在水中质量 m_1(g)						
颗粒密度 ρ_S(g/cm³)						
平均颗粒密度 ρ_S(g/cm³)						

实验者：　　记录/计算者：　　校核者：　　实验日期：

六、实验成果整理

1. 计算颗粒密度

按式(2-2)计算试样的颗粒密度：

$$\rho_s = \frac{m_s}{m_s - (m_2 - m_1)} \times \rho_{wt} \tag{2-2}$$

式中：ρ_s——试样的颗粒密度，g/cm³；

m_s——烘干试样质量，g；

m_1——金属网篮在水中的质量，g；

m_2——金属网篮和试样在水中的总质量，g；

ρ_{wt}——T℃时纯水的密度，g/cm³，由表 2-1 查得。

成果记入表 2-3 中。

2. 编写实验报告

编写土壤颗粒密度测定(浮称法)实验报告。

七、注意事项

(1)试样放入金属网篮，缓缓地浸没于水中并在水中摇晃时，必须防止水溅出容器外。

(2)实验过程中，尽可能保持实验用水恒温。

八、思考题

(1)分析浮称法测定准确性的影响因素。

(2)分析试样沉入水中，产生气泡的原因。

第三节　虹吸筒法

一、实验目的

(1)掌握利用虹吸筒法测定土壤的颗粒密度。

(2)通过测定土壤的颗粒密度,进一步了解土壤的颗粒密度的物理意义。

二、实验内容

测定粒径大于或等于 5mm 的土壤(且其中粒径等于或大于 20mm 的土壤质量等于或大于总土壤质量的 10%)的颗粒密度。

三、实验原理

土壤的固体部分质量可用精密天平测得。相应的土壤颗粒的体积一般应用排出与土壤颗粒同体积的液体的体积方法测得。测定粒径大于或等于 5mm 的土壤(且其中粒径等于或大于 20mm 的土壤质量等于或大于总土壤质量的 10%)的体积通常用虹吸筒法。虹吸筒法,其基本原理是:将土壤颗粒放入盛有一定水位的虹吸筒中,排开的水量即为浸入水中的土壤颗粒体积,从而进一步计算出土壤的颗粒密度。

四、实验仪器和用品

(1)虹吸筒(图 2-4):由虹吸筒(直径 18.0cm,高 45cm)、虹吸管、橡皮管、管夹、量筒等组成。

(2)台秤:称量 10kg,分度值 1kg。

(3)量筒:容积大于 200mL。

(4)其他:烘箱、温度计、孔径 5mm 及 20mm 的筛等。

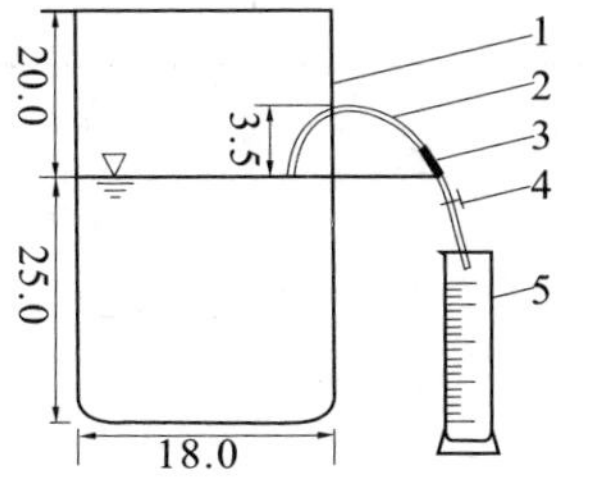

图 2-4　虹吸筒(单位:cm)

1.虹吸筒;2.虹吸管;3.橡皮管;4.管夹;5.量筒

五、实验步骤

(1)取粒径大于 5mm 具代表性的试样 1～7kg,将试样彻底冲洗,直至颗粒表面无尘土壤和其他污物。

(2)再将试样浸没水中浸泡24h后取出，晾干(用毛巾滚擦颗粒表面水分)，即得风干试样，称其质量 m。数据记入表2-4中。

(3)注清水入虹吸筒，至管口有水溢出时停止注水。待管中水流停止后，关闭管夹。将已称量的风干试样缓缓放入筒中，边放边搅，直至无气泡逸出为止。

(4)称取量筒质量 m_0。数据记入表2-4中。

(5)待虹吸筒中水面平静后，开启管夹，让试样排开的水从虹吸管中流入量筒内。

(6)称量量筒和水的总质量 m_1。数据记入表2-4中。

(7)测量筒内水的温度 T，准确至0.5℃。数据记入表2-4中。

(8)取出虹吸筒内全部试样放于瓷盘中，吸去余水，置于105～110℃烘干，称其烘干质量 m_s。数据记入表2-4中。

(9)进行一次平行测定，其平行测定差值不得大于0.02g/cm^3，取两个测值的平均值。数据计入表2-4。

表2-4　颗粒密度测定(虹吸筒法)实验记录表

试样编号						
平行测定	Ⅰ	Ⅱ	Ⅰ	Ⅱ	Ⅰ	Ⅱ
温度 T(℃)						
T℃时纯水的密度 ρ_{wt}(g/cm^3)						
烘干试样质量 m_s(g)						
风干试样质量 m(g)						
量筒质量 m_0(g)						
量筒加排开水质量 m_1(g)						
试样的颗粒密度(g/cm^3)						
试样的平均颗粒密度(g/cm^3)						

实验者：　　　　记录/计算者：　　　　校核者：　　　　实验日期：

六、实验成果整理

1.计算颗粒密度

按式(2-3)计算试样的颗粒密度：

$$\rho_s = \frac{m_s}{(m_1 - m_0) - (m - m_s)} \times \rho_{wt} \tag{2-3}$$

式中：ρ_s——试样的颗粒密度，g/cm^3；

m_s——烘干试样质量，g；

ρ_{wt}——T℃时纯水的密度，g/cm^3，由表2-1查得；

m——风干试样质量,g;

m_1——量筒和水的总质量,g;

m_0——量筒质量,g;

成果记入表 2-4 中。

2. 编写实验报告

编写土壤颗粒密度测定(虹吸筒法)实验报告。

七、注意事项

(1)搅动时勿使水溅出虹吸筒外。

(2)实验过程中,尽可能保持实验用水恒温。

八、思考题

(1)分析虹吸筒法测定准确性的影响因素。

(2)利用虹吸筒法测定土壤颗粒密度时,为什么不能忽略吸着水的质量?

第四节 干密度和孔隙度测定

一、实验目的

(1)掌握利用烘干法测定土壤的干密度和孔隙度。

(2)通过测定土壤的干密度和孔隙度,进一步理解土壤的干密度和孔隙度的物理意义。

二、实验内容

(1)测定土壤的干密度。

(2)计算土壤的孔隙度。

三、实验原理

环刀法是用已知质量及容积的环刀,切取土壤,使土壤的体积与环刀容积一致,这样环刀的容积即为土壤的体积;把装土壤的环刀放入烘箱烘干,然后称量土壤和环刀的质量,减去环刀的质量就得到土壤的烘干质量;然后,便可计算出土壤的干密度,进而结合土壤的颗粒密度,则可计算出土壤的孔隙度。

四、实验仪器和用品

(1)环刀(图 2-5):内径 6~8cm,高 2cm。

(2)天平:精度为 0.01g。

(3)其他:烘箱、测径卡尺、切土壤刀、钢丝锯、凡士林油及玻璃板等。

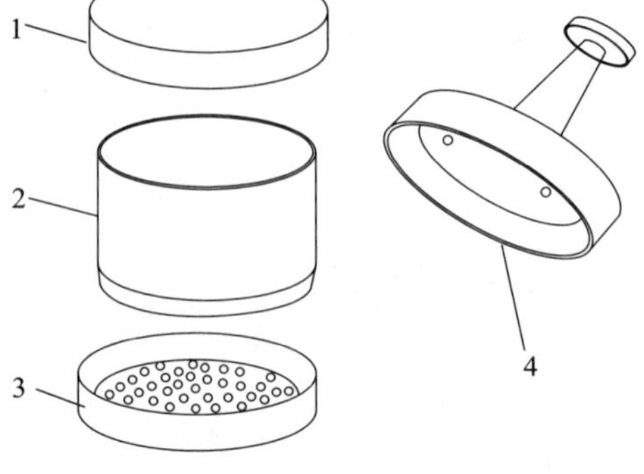

图 2-5　环刀

1.环刀顶盖;2.环刀;3.环刀底盖;4.环刀托

五、实验步骤

1.测定环刀的质量及体积

利用测径卡尺测量环刀的内径及高度,计算得环刀的容积 V;然后,将环刀置于天平上称得环刀质量 m_1,准确至 0.01g。数据记入表 2-5 中。

2.切取试样

在环刀内壁上涂以薄层凡士林,将环刀刃口向下放在试样表面上,用切土壤刀把试样削成略大于环刀的土壤柱,然后垂直向下轻压环刀,边压边削,至试样高出环刀为止。先削平环刀上端之多余土壤,使土壤面与环刀边缘齐平,再置于玻璃板上;然后削环刀刃口一端的多余土壤,使与环刀刃口齐平。若两面的土壤有少量剥落,可用切下的碎土壤轻轻补上。

3.测定环刀和试样质量

擦净环刀外壁,放入 105℃烘箱中烘至恒重,重复 3～5 次,取平均值,称量环刀和试样的质量 m_2,准确至 0.01g。数据记入表 2-5 中。

4.平行测定

进行一次平行测定,其平行测定差值不得大于 0.03g/cm^3,取两个测值的平均值。数据记入表 2-5 中。

六、实验成果整理

1.计算干密度

按式(2-4)计算试样的干密度,准确至 0.01g/cm^3:

$$\rho_d = (m_2 - m_1)/V \tag{2-4}$$

式中:ρ_d——试样的干密度,g/cm^3;

m_2——环刀与试样的质量,g;

m_1——环刀的质量,g;

V——试样的体积(环刀容积),cm^3。

成果记入表 2-5 中。

2.计算孔隙度

土壤的孔隙度一般都不直接测定，而是由式(2-5)求得：

$$n = 1 - \frac{\rho_d}{\rho_s} \tag{2-5}$$

式中：n——试样的孔隙度，cm^3/cm^3；

ρ_d——试样的干密度，g/cm^3；

ρ_s——试样的颗粒密度，g/cm^3。

成果记入表2-5中。

3.编写实验报告

编写土壤干密度和孔隙度测定实验报告。

表2-5　干密度和孔隙度测定(烘干法)实验记录表

试样编号						
平行测定	Ⅰ	Ⅱ	Ⅰ	Ⅱ	Ⅰ	Ⅱ
试样体积 $V(cm^3)$						
环刀质量 $m_1(g)$						
环刀与试样质量 $m_2(g)$						
试样的干密度 $\rho_d(g/cm^3)$						
试样的平均干密度 $\rho_d(g/cm^3)$						
试样的孔隙度 $n(cm^3/cm^3)$						

实验者：　　　　记录/计算者：　　　　校核者：　　　　实验日期：

七、注意事项

(1)利用环刀切取试样时，必须严格按试验步骤操作，不能急于求成，用力过猛或图省事不削成土壤柱，这样容易使试样开裂扰动。

(2)修平环刀两端多余土壤时，不得在试样表面往返压抹。对于较软的土壤，宜先用钢丝锯将土壤样锯成几段，然后用环刀切取。

八、思考题

(1)在环刀法中影响试验准确性的因素有哪些？

(2)环刀法测定砂土壤的密度有什么困难？

实验三　包气带土壤含水率测定

土壤的质量含水率是土壤中所含水分的质量与固体颗粒质量之比，常用单位为“g/g”。土壤的体积含水率是土壤中水的体积与土壤的总体积的比值，常用单位为 cm^3/cm^3。土壤的质量含水率的测定，最常用的方法是烘干法，这也是唯一可以直接测量土壤中水分的方法。土壤的体积含水率由土壤的质量含水率换算。

一、实验目的

(1)掌握利用烘干法测定黏质土壤、粉质土壤、砂类土壤、砂砾石、有机质土壤和冻土类土壤等的含水率。

(2)通过测定土壤的含水率，进一步理解土壤的含水性。

二、实验内容

测定土壤的含水率。

三、实验原理

将土壤置于105℃±2℃的烘箱中烘至恒重，即可使其所含水分(包括吸湿水)全部蒸发殆尽，以此求算土壤中水分含量。在此温度下，有机质一般不致于大量分解损失影响测定结果。

有机质土壤在105～110℃温度下经长时间烘干后，有机质特别是腐殖酸会在烘干过程中逐渐分解而不断损失，使测得的含水率比实际的含水率大，土壤中有机质含量越高，误差越大。因此对有机质含量超过5%的土壤，应在60～70℃ 的恒温下进行烘干。

四、实验仪器和用品

(1)烘箱：可采用电热烘箱或温度能保持105～110℃的其他能源烘箱。

(2)天平：量程为200g，精度为0.01g；量程1 000g，精度为0.1g。

(3)其他：干燥器、铝盒等。

五、实验步骤

(1)称量烘干的铝盒的质量 m_0。数据记入表3-1中。

(2)取具有代表性试样(细粒土壤需要15～30g，砂类土壤、有机质土壤为50g，砂砾石为1～2kg)，放入称量铝盒内，立即盖好盒盖，称质量 m_1。数据记入表3-1中。

(3)揭开盒盖，将试样和铝盒放入烘箱内，在温度105～110℃恒温下烘干。烘干时间，对细粒土壤不得少于8h，对砂类土壤不得少于6h；对含有机质超过5%的土壤或含石膏的土壤，应将温度控制在60～70℃的恒温下，干燥12～15h为好。

(4)将烘干后的试样和铝盒取出，放入干燥器内冷却(一般只需 0.5～1h 即可)。冷却后盖好盒盖，称质量 m_2，准确至 0.01g。数据记入表 3-1 中。

(5)进行一次平行测定，允许平行差值的规定为：若试样质量含水率小于 5%，允许平行差值 0.3%，若试样质量含水率小于 40%，允许平行差值≤1%，若试样质量含水率等于或大于 40%，允许平行差值≤2%。取两个测值的平均值。数据记入表 3-1。

六、实验成果整理

1. 计算质量含水率

按式(3-1)计算试样的质量含水率：

$$w_m = \frac{m_1 - m_2}{m_2 - m_0} \tag{3-1}$$

式中：w_m——试样的质量含水率，g/g，计算至 0.1；

m_1——烘干前铝盒＋试样的质量，g；

m_2——烘干后铝盒＋试样的质量，g；

m_0——烘干铝盒质量，g。

成果记入表 3-1 中。

2. 计算体积含水率

按式(3-2)计算试样的体积含水率：

$$w_V = w_m \cdot \frac{\rho_d}{\rho_w} \tag{3-2}$$

式中：w_V——试样的体积含水率，cm^3/cm^3，计算至 0.1；

w_m——试样的质量含水率，g/g；

ρ_d——试样的干密度，g/cm^3；

ρ_w——水的密度，g/cm^3。

成果记入表 3-1 中。

表 3-1　含水率测定(烘干法)实验记录表

试样编号						
平行测定	Ⅰ	Ⅱ	Ⅰ	Ⅱ	Ⅰ	Ⅱ
盒号						
盒质量 m_0(g)						
盒＋湿试样质量 m_1(g)						
盒＋干试样质量 m_2(g)						
试样的质量含水率 w_m(g/g)						
试样的平均质量含水率 w_m(g/g)						
试样的体积含水率 w_V(cm^3/cm^3)						

实验者：　　记录/计算者：　　校核者：　　实验日期：

3. 编写实验报告

编写土壤含水率测定(烘干法)实验报告。

七、注意事项

(1)对于大多数土壤,通常烘干 16～24h 就已足够。但是,某些土壤或试样数量过多或试样很潮湿,可能需要烘更长的时间。烘干的时间也与烘箱内试样的总质量、烘箱的尺寸及其通风系统的效率有关。

(2)如若铝盒的盖密闭,而且试样在称量前放置时间较短,可以不需要放在干燥器中冷却。

八、思考题

(1)在烘干试样时,为什么温度不能超过 110℃?

(2)思考如何测定土壤的饱和含水率与残余含水率?

实验四　包气带土壤水势测定

土壤水势是一种衡量包气带中土壤水具有的能量的指标，是在包气带内土壤和水的平衡系统中，单位数量的水在恒温条件下，移动到参照状况纯自由水体所能做的功，常用单位为cm。参照状况，一般使用标准状态，即在标准大气压下，与土壤水具有相同温度的情况下（或某一特定情况下），以及在某一固定高度的假想的纯自由水体。其必要条件：首先，是其过程为可逆的，即表明没有因摩擦而发生能量的损失；第二，是等温的，即表明没有发生温度变化，而且转移的量是无限小，所以剩余土壤水分不受转移的影响。

土壤水势表示为多种作用力产生的分势之和：

$$\Psi_w = \Psi_g + \Psi_m(\text{或 } \Psi_p) + \Psi_a + \Psi_s + \Psi_t + \cdots \tag{4-1}$$

式中：Ψ_w——某一位置包气带土壤水的总水势；

Ψ_g——该一位置包气带土壤水的重力势；

Ψ_m——某一位置包气带土壤水的基膜势；

Ψ_p——某一位置包气带土壤水的压力势；

Ψ_a——某一位置包气带土壤水的气压势；

Ψ_s——某一位置包气带土壤水的溶质势；

Ψ_t——某一位置包气带土壤水的温度势；

在研究非饱和土壤水分运动时，主要考虑基膜势和重力势；对于饱和土壤水分运动，则主要考虑重力势和压力势，其他分势（溶质势、气压势和温度势等）一般可不考虑。那么，式(4-1)可简化为：

$$\Psi_w = \Psi_g + \Psi_m(\text{或 } \Psi_p) \tag{4-2}$$

基膜势与土壤水吸力 s（也有称为土壤水负压 h）数值相等，但符号相反。土壤水吸力 s（土壤水负压 h）一般用张力计测定。

重力势与测点在参考坐标中的位置有关，若选择自由地下水面为参考平面，并取上为正，那么垂向坐标点 Z：若 $Z>0$，即为水面以上 Z 处的单位质量土壤水的重力势；若 $Z<0$，即为水面以下 Z 处的单位质量土壤水的重力势，可用直尺测量。

饱和土壤水的压力势与自由地下水面距测点的高度成正比，可用测压计测量。

一、实验目的

(1)掌握张力计的使用方法。

(2)掌握测定土壤水势各分势的测定方法。

(3)通过测定土壤水势的各分势，进一步明确土壤水势及其各分势的物理意义。

二、实验内容

测定平衡条件下土柱不同位置的土壤水势。

三、实验原理

测定平衡条件下土柱不同位置的各分水势，并计算测定的总土壤水势 Ψ_w。理论上，平衡条件下的不同位置的 $\Psi_w=0$。

四、实验仪器和用品

1. 实验装置

主要由土柱和土壤水吸力测量系统等组成(图 4-1)。

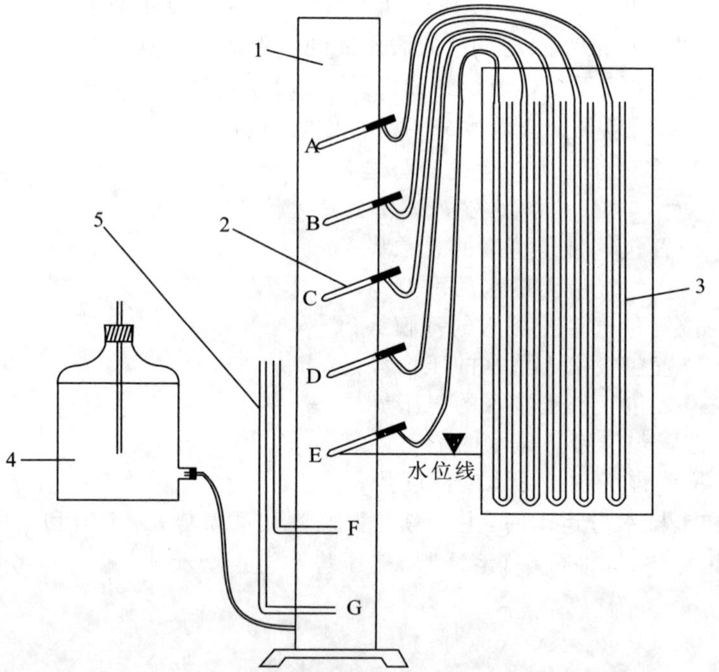

图 4-1 水势测定实验装置示意图

1. 有机玻璃柱；2. 张力计；3. 测压计；4. 马氏瓶；5. 测压管

(1)土柱：内径 20cm、高 120cm 的有机玻璃柱；

(2)土壤水吸力测量系统，张力计：由四部分组成(图 4-2)：①陶土头；②硬质连接管，内部充水并一端连接陶土头，一段连接储气室和压力计；③储气管，与连接管的上部相连且透明；④U 型汞柱测压计。

(3)测压管：用内径 2～3mm 玻璃管制成的直角弯管，用于测正压水头。

(4)马氏瓶：用于定水头供水。

(5)连接软管：若干根。

2. 其他

陶土头检验装置(图 4-3)，直尺，装土工具，钻土工具等。

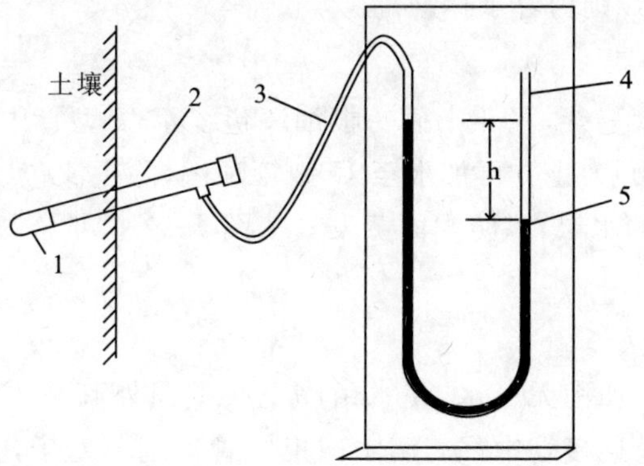

图 4－2　U 型水银柱张力计示意图

1. 陶土头；2. 硬质连接管；3. 连接软管；4. U 型水银压力计；5. 水银柱

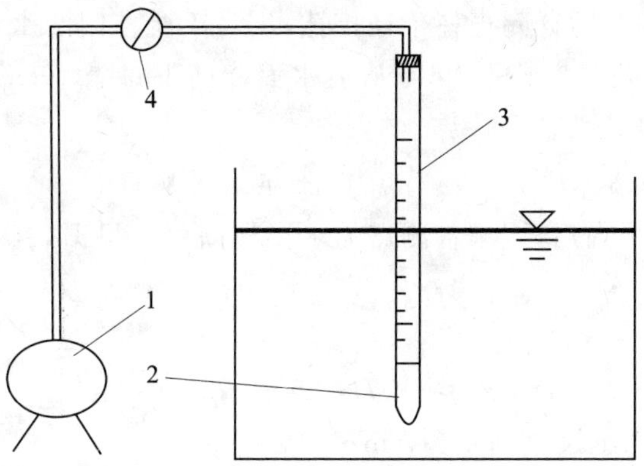

图 4－3　负压计陶土头检测装置

1. 加压装置；2. 陶土头；3. 硬质连接管；4. 阀门

五、实验步骤

1. 制备土柱

取风干后并经过 2mm 筛孔的土壤，按等密度（1.20～1.30g/cm^3）分层装入土柱内，土柱底部接通水源，水源用马氏瓶装置控制一定水位，一周后，将柱顶部封好，以避免蒸发。两周后，土柱内水分可达到平衡（观察马氏瓶水位与土柱渍水面一致时，可认为土柱内水分达到平衡）。

2. 检验陶土头

主要是检验陶土头的透气性和导水性。

（1）检验透气性。取 5～10 个浸泡饱和后的陶头，置于陶土头检验装置的水槽中（图 4－3），向陶土头充气施加的气压达到 1 个大气压时仍没有气泡从陶土头溢出，这时的多孔陶土头的透气性就是合乎标准。

（2）检验导水性。检验装置同图 4－3。通过充水管向透气性检验合格的陶土头充水，使陶土头至充水管间（20mL 以上），充水后施加 1 个大气压力，量测陶土头的出流量，3～5min 测得每分钟出流量超过 1mL 则为合乎标准。

3. 组装张力计

U 型管口套一小玻璃漏斗，漏斗中插一根细漆包线至 U 型管中，从漏斗向 U 型管中加汞直到管中汞面达到刻度“0”为止。再加水至 U 型管顶端，除去漆包线及漏斗。在 U 型管的另一端汞面，加入 1～2cm 的水层，以防汞面蒸发。按图 4-2 所示连接张力计的其余部分，并把 U 型管固定在测压板上。

4. 去除张力计内的气体

从集气管口给张力计加满无气水，使水由陶土头壁向外滴淌 10～20min。再向集气管加水，使得集气管、叉形管及连接管中都充满水。集气管口塞上塞子，叉形管上部的橡皮管夹上夹子，使仪器密封。擦去陶土头外水渍，置于通风处蒸发。当仪器内产生负压时，U 型管左端汞柱上升，隐藏的空气即可溢出。此步骤需要反复进行，务必将仪器内的空气除尽。

5. 安装张力计

预先在柱壁上，根据张力计陶土杯半径打孔，从马氏瓶控制的水位（实际上是土柱中渍水水面）向上每隔 10cm 打孔并安装张力计；从渍水面起向下每隔 10cm 打孔，安装测压管，安装时注意土壤不得流入测压管。

6. 测定平衡条件下渍水面以上各测点的土壤水基膜势

待张力计和土壤水平衡后，记录各测点的水银柱高度。根据式（4-3）计算各测点的基膜势值：

$$\Psi_m = -s$$

$$s = (h_1 + h_2) \times \rho_h - (H + h_1) \times \rho_w \tag{4-3}$$

式中：Ψ_m——某一测点的土壤水基膜势，cm；

s——某一测点的土壤水吸力，cm；

H——某一测点陶土头中心至 U 型压力计“0”位的距离，cm；

h_1——某一测点 U 型管与仪器相连的一端的汞柱读数，cm；

h_2——某一测点 U 型管通大气一端的汞柱读数，cm；

ρ_h——某一测点汞的密度，13.6，g/cm^3；

ρ_w——某一测点水的密度，1.0，g/cm^3；

数据记入表 4-1 中。

7. 测定平衡条件下渍水面以下各测点的土壤水压力势

取测点至测压管内水面垂直距离，即为该测点的压力势 Ψ_p。数据记入表 4-1 中。

8. 测定平衡条件下各测点的土壤水重力势

测试各点的重力势之前，首先规定重力势参照面。为了计算方便，参照面位置一般选择在土柱表面，或是渍水水面。一旦确定好参照面后，在参照面以上测得的各点的重力势为正值，在参照面以下为负值。利用直尺测定各点的重力势 Ψ_g。数据记入表 4-1 中。

9. 平行测定

进行一次平行测定，允许平行差值不得大于 1.0cm，取两个测值的平均值。数据记入表 4-1。

六、实验成果整理

1. 计算总土壤水势

利用式(4-2)计算各测点的总土壤水势。成果记入表 4-1。

2. 编写实验报告

编写土壤水势测定实验报告。

表 4-1　平衡条件下土壤剖面上各点的水势

测点	基膜势 Ψ_m(cm)		压力势 Ψ_p(cm)		重力势 Ψ_g(cm)		总水势 Ψ_w(cm)	
平行测定	1	2	1	2	1	2	1	2
A			/	/				
B			/	/				
C			/	/				
D			/	/				
E			/	/				
F	/	/						
G	/	/						

实验者：　　　　　　　记录/计算者：　　　　　　　校核者：　　　　　　　实验日期：

七、注意事项

(1)实验过程中,要避免各连接处漏水现象的发生。

(2)安装张力计,打孔时,孔径略微比陶土杯半径大些即可,不宜过大或过小。

八、思考题

(1)怎样才能鉴定一支张力计的质量?

(2)获得准确可靠的张力计数据的要点?

(3)使用张力计重为什么要校正零点?

(4)平衡条件下,地下水位以上土壤剖面上各点的土壤水基膜势与该点到地下水位面的垂直距离数值上的关系?

(5)土壤水势的值与选择的参照面的关系?

第二部分

包气带土壤水分运动参数测定

实验五　包气带土壤水分特征曲线测定

土壤水基膜势 Ψ_m 随土壤含水率 θ 变化而变化，二者关系曲线称为土壤水分特征曲线，表征土壤水分的能量和数量之间的关系，是反映土壤水分运动基本特征的曲线。

土壤水分特征曲线斜率的倒数即每单位基膜势变化所引起的土壤含水率的变化，称为比容水度：

$$C=\frac{d\theta}{d\Psi_m}=-\frac{d\theta}{ds} \tag{5-1}$$

它表示当基膜势减小(吸力增大)一个单位时，自单位体积土壤中所能释放出来的水的体积，常用单位为 cm^{-1}，是土壤含水率或土壤基膜势的函数。

土壤水分特征曲线测定方法主要有张力计法和压力板(膜)法：张力计法，由于张力计测定的土壤水吸力范围为 0～85kPa，因此，此法只能测定低土壤水吸力范围的水分特征曲线；压力板法，能测定土壤水吸力范围为 0～1.5MPa 下的水分特征曲线。

第一节　张力计法

一、实验目的

(1)掌握利用张力计法测定土壤水分特征曲线。

(2)通过测定土壤水分特征曲线，进一步理解土壤水的能量和数量之间的关系特征。

二、实验内容

(1)测定粉砂的水分特征曲线。

(2)测定粉土的水分特征曲线。

三、实验原理

张力计下端为一多孔的陶土头，溶质和水能自由通过，土颗粒不能通过。陶土头上面连接软管，充满无气水，上端接负压表或U型汞柱测压计。当陶土头插入不饱和土壤后，土壤通过陶土头从张力计中吸出水分，因而造成一个真空度或吸力，平衡后，从测压计上读数并计算出土壤基膜势(或土壤水吸力)，再测出陶土头周围的土壤含水率，就得到一组数据。变更土壤含水情况，分别测出对应的土壤基膜势(或土壤水吸力)，就可以完成土壤水分特征曲线的测定。

土壤水分特征曲线包括脱水曲线和充水曲线。此法若是应用于脱水过程，则测出脱水曲线；若应用于充水过程，则测出充水曲线。

四、实验仪器和用品

(1)实验装置：水分特征曲线仪(图5-1)，主要由陶土头、集气管、压力传导管、U型汞柱测压计以及试样容器组成。

(2)天平：量程1 000g，精度0.1g。

(3)其他：无气水、注射器、刻度尺、透水石、烧杯、装土工具等。

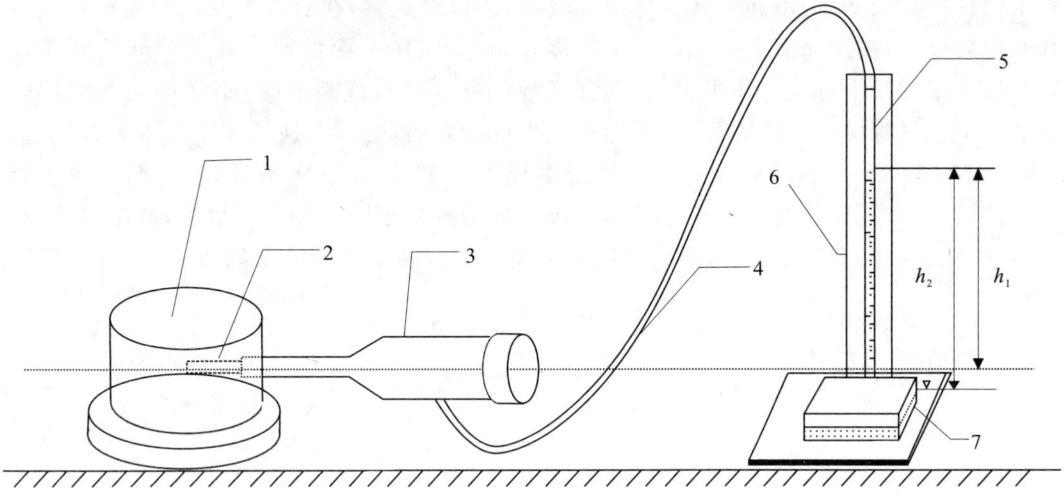

图5-1　水分特征曲线仪

1.试样容器；2.陶土头；3.集气管；4.压力传导管；5.水银测压计；6.观测板；7.水银槽

五、实验步骤

1.除气

张力计测量时的负压力是靠水传递的，使用时须使之充满水，它才有较高的灵敏度，所以安装前须先充水排气：将张力计充满水并密封后，把陶土头置空气中蒸发数小时，当测压计指示值升至650mm汞柱或更高时，轻振动张力计，使气泡从陶土头及真空表逸出聚集到集气管中，再将陶土头浸入无气水中，负压表指示针回到零位，此时重新给集气管充水，再将陶土头置空气中蒸发，如此反复进行4～5次，即可将张力计内空气基本除尽，负压升到650mm汞柱以上，此时即可安装并观测。

2. 组装仪器

利用无气水浸泡陶土头（无气水要淹没整个陶土头）并注入无气水与其相连的连通管中，浸泡时间一般需要24h以上。在确认仪器没有问题以及连通管中没有气泡存在时，重新换入无气水（换水后，亦要确保连通管中无气泡），用天平称量此时仪器的质量 m_0。同时，测定试样容器容积（试样体积）V 以及水银槽液面到陶土头中心位置的垂直距离 h_1。数据记入表5－1中。

3. 装填试样

把待测试样均匀装满容器。装样时，保证陶土头与试样接触良好，同时检查各部件的接口处是否密封完好。

4. 饱和试样

把盛试样的容器放在透水石上，水面最好与透水石持平，饱和时间持续在24h以上。称量饱和后的质量（包括仪器及试样）m_{sa}。数据记入表5－1中。

5. 采集数据

一定时间后，读取观测板水银柱凸液面的高度，同时称质量（包括仪器和试样）m_1。称重时注意不要碰撞仪器，以免漏气或陶土头与样品接触不良造成实验失败。开始测量时，要密切注意水银柱读数的变化，不同土其变化差异较大；应持续观察，在有较大变化时测量一次；在掌握其变化规律后，视土面蒸发变化情况定时测量；每天可测一至两次。随着时间的延长，压力传导管以及集气管中可能存在少量气泡，在气泡没有连通形成断点时，不必换无气水，只需用注射器抽出集气管中的气泡即可；在气泡连通形成断点后，必须更换仪器中的水。在测量后期（土壤负压在760cm水银柱高度左右），如果更换无气水后，在下次测量时，又形成很多断点，这时应该停止测量，即此时的负压已超出了该仪器的测量范围。停止测量后，取出仪器中的试样，放在烘箱中，105℃烘24h，称量烘干试样的质量 m_2，确定试样的干密度 ρ_d。数据记入表5－1中。

六、实验成果整理

1. 计算基膜势

利用式（5－2）计算试样的基膜势：

$$\Psi_m = -12.6h_2 - h_1 \tag{5-2}$$

式中：Ψ_m——试样土壤水的基膜势，cm；

h_2——压力表中水银柱高度（以水银槽水银液面为基准面），cm；

h_1——水银槽水银液面到陶土头中心位置的垂直距离，cm。

成果记入表5－1中。

2. 计算含水率

由式（5－3）计算试样的质量含水率：

$$\theta_G = \frac{m_1 - m_2}{m_2} \tag{5-3}$$

式中：θ_G——试样的质量含水率，g/g；

m_0——仪器质量，g；

表 5－1　水分特征曲线测定(张力计法)实验记录表

试样编号		试样容器容积(试样体积)$V(cm^3)$				
水银槽液面到陶土头中心位置的垂直距离 $h_1(cm)$				环刀＋饱和试样质量 $m_{sa}(g)$		
仪器质量 $m_0(g)$		烘干试样质量 $m_2(g)$		试样干密度 $\rho_d(g/cm^3)$		
水银柱读数 $h_2(cm)$	试样土壤水的基膜势 $\Psi_m(cm)$	仪器＋试样质量 $m_1(g)$	试样质量含水率 $\theta_G(g/g)$	土壤体积含水率 $\theta_V(cm^3/cm^3)$	时间 $t(min)$	备注

实验者：　　　　　　　　记录/计算者：　　　　　　　　校核者：　　　　　　　　实验日期：

m_1——仪器＋试样质量，g；

m_2——烘干试样质量，g。

试样的体积含水率由式(5-4)计算

$$\theta = \theta_G \cdot \frac{\rho_d}{\rho_w} \tag{5-4}$$

式中：θ_G——试样的质量含水率，g/g；

θ——试样的体积含水率，cm^3/cm^3；

ρ_d——试样的干密度，g/cm^3；

ρ_w——水的密度，g/cm^3。

成果记入表5-1中。

3. 拟合土壤水分特征曲线

利用测定的试样的系列体积含水率及其相应的土壤水基膜势，根据 van Genuchten 公式(5-5)，利用 Statistic 非线性程序包或 RETC 软件进行参数拟合，即可获得此时的水分特征曲线方程。

$$\theta(h) = \begin{cases} \theta_r + \dfrac{\theta_s - \theta_r}{[1 + |\alpha\Psi_m|^n]^m} & h < 0 \\ \theta_s & h \geqslant 0 \end{cases} \tag{5-5}$$

式中：θ_s——试样的饱和含水率，cm^3/cm^3；

θ_r——试样的凋萎含水率，cm^3/cm^3；

Ψ_m——试样土壤水的基膜势，cm；

θ——试样的体积含水率，cm^3/cm^3；

α、m、n——待定系数，$m=1-1/n$，由试样的土壤性质确定。

成果记入表5-1中。

4. 计算比容水度

把式(5-5)代入式(5-1)，即可得到试样的比容水度 C。

5. 编写实验报告

编写土壤水分特征曲线测定(张力计法)实验报告。

七、注意事项

(1)使用之前给张力计注满无气水，用干吸纸(或干细土)包张力计的陶土头，使水银上升到650mm汞柱以上。

(2)如果实验过程中水银上升不到650mm汞柱，须更换陶土头。然后重新检测，再使用。

(3)在整个脱湿实验中，产生误差最大的环节在于仪器组装，张力计的微小偏离可能导致陶土头与土样接触不是很好，或者是陶土头直接与外界大气联通，这样产生的误差一般比较大。另外一个误差在于装填土样过程中的凿毛，有的土罐凿毛处理不是很好，在拆土罐时土样分层脱落，在罐壁上可以看见很明显的分层，这样的话在连接面处土样性质(主要是孔隙比)会产生突变，从而导致饱和含水率分布不均匀。

八、思考题

(1)分析利用张力计法测定土壤水分特征曲线精度的影响因素。

(2)张力计法测定土壤水分特征曲线的优缺点各有哪些？

(3)张力计使用前为什么需要除气？

第二节　压力板法

一、实验目的

(1)掌握利用压力板法测定土壤水分特征曲线。

(2)通过测定土壤水分特征曲线，进一步理解土壤水的能量和数量之间的关系。

二、实验内容

(1)测定粉土的水分特征曲线。

(2)测定粘土的水分特征曲线。

三、实验原理

对置于腔室中已饱水的土壤以大于一个大气压的任意正压 Δp，促使土壤中的水分通过饱水的多陶土板，逐渐压出腔室外，直到土壤水势 Ψ_{uS} 与板膜处于天然大气压下的自由水的水势 Ψ_{wD} 达到平衡为止，即：

$$\Psi_{uS} = \Psi_{wD}$$

平衡时因为板膜上土壤水分中的溶质与板膜外的溶质相等，温度势亦相等，而重力势接近相等，所以忽略了这三项之后则：

$$\Psi_{uS} = \Psi_{P} + \Psi_{mS}$$

$$\Psi_{wD} = \Psi_{PD} + \Psi_{mD}$$

式中：Ψ_{uS}——土壤水的基膜势；

Ψ_{p}——土壤水的压力势；

Ψ_{mD}——板膜外自由水的基膜势；

Ψ_{pD}——板膜外自由水的压力势。

合并以上各式，则：

$$\Psi_{P} + \Psi_{mS} = \Psi_{PD} + \Psi_{mD}$$

因为板膜外自由水的压力等于参考压力(大气压)，且板膜外无水基质，所以：

$$\Psi_{P} + \Psi_{mS} = 0$$

即：$\Psi_{P} = -\Psi_{mS}$；

亦即：$\Psi_{mS} = -\Delta p$　　(5-6)

式中：Δp——施加于压力腔的压力，Pa。

所以土壤水的基膜势(土壤水负压)可以由压力腔室的压力来测量。在各压力级平衡后取出，按常规法测定其含水率，即为本实验土壤水的基膜势下的含水率。根据得到的一系列相对应的基膜势(土壤水负压)和含水率，就可绘制土壤的脱水曲线。如果逐渐减压，把排水改成供水，就可得出由干到湿的吸水曲线。

四、实验仪器和用品

(1)压力膜仪(图 5－2):①压力气源—空气压缩机;②调压管道装置;③装试样的压力腔室:压力腔室及陶土板,其中压力腔室包括低于 0.5MPa 和 1.5MPa。

(2)其他:电子天平,精度 0.01g;薄型环刀(53.2mm×18mm;50.4mm×20mm);滤纸;剪刀;水盆;压柄等。

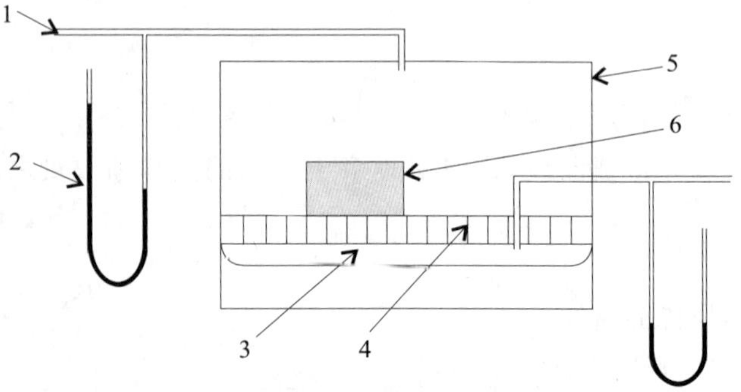

图 5－2　压力膜仪

1.压力源;2.水银压力表;3.常压室;4.多孔板;5.加压室;6.试样

五、实验步骤

1.制备试样

原状土用特制的薄型环刀采集。扰动土用过筛孔为 2mm 筛子的风干土样按设计要求的容量容重乘以环刀的容积得出所需土样的质量,将土样全部放入有孔底盖垫有滤纸的环刀内,弄平压实,环刀上盖好盖子。

将采好的或装好样的环刀置于水中,使其吸水至饱和,放水深度以环刀上沿但勿浸没为宜,经过 16～24h 即可饱和。

2.测定

(1)将陶土板放入水中浸泡数小时,使孔隙充满水,达到饱和。

(2)将饱水的陶土板放入压力腔室的规定位置上,接上导水管。

(3)取出饱水的试样,迅速用干滤纸吸干或擦干环刀上的水渍,置于电子天平上称量其质量,得环刀和饱和试样质量 m_{sa}。数据记入表 5－2 中。

(4)将称过的试样放入压力腔室的陶土板上,逐个逐层排好。

(5)密封压力腔室,并在出水口放好节水容器。

(6)加压:将进气阀打开,并调节压力略大于实验所需的压力,然后开启通往腔室管道的阀门,分别调节粗细调压手轮至所需要的压力,这样压力腔室可稳定保持压力表上的所指示的压力。

(7)平衡观察:加压后出水口很快会有水流出。但一般 1cm 厚的试样在 48h 内可达平衡。平衡时间与土壤质地、土壤厚度、压力大小有关。质地越黏重,平衡时间越长;试样越厚,平衡时间越长,平衡的时间与试样厚度的平方成正比;压力越大,平衡的时间也越大。一般来说,10kPa 平衡时间为 2～3d,而 1.5MPa 则长达 10d 以上。确定平衡时间是用微量量水器收集压出的水,若在 12h 内前后两次读数基本一致(0.05mL),即达平衡。

（8）达到平衡的试样，需要及时称量其质量。先排除压力腔室内的空气，即逆时针方向旋转调压手轮，至压力表指针回零，然后打开压力腔室的盖子，取出试样，在电子天平上迅速称其质量记下各级压力下湿试样加环刀的质量 m_w。数据记入表 5－2 中。

（9）称量结束后，按前述步骤再进行下一级压力的测定。一般常测定压力级为：10kPa、30kPa、50kPa、0.1MPa、0.3MPa、0.5MPa、1.5MPa。

（10）至 1.5MPa 级平衡后，将试样及环刀放入烘箱中，在 105℃±2℃温度下烘干至恒重，称量环刀和烘干试样质量 m_{0D}，最后称量环刀质量 m_0，并测定环刀容积 V。数据记入表 5－2 中。

表 5－2　水分特征曲线（压力板法）实验记录表

试样编号					
环刀号					
环刀容积 V,cm^3					
环刀质量 m_0,g					
环刀质量＋烘干试样质量 m_{0D},g					
试样的干密度 ρ_d,g/cm^3					
饱和试样品（土壤水吸力＝0）	环刀＋饱和试样质量 m_{sa},g				
	试样的体积含水率 θ,cm^3/cm^3				
10kPa	环刀＋湿试样质量 m_w,g				
	试样的体积含水率 θ,cm^3/cm^3				
30kPa	环刀＋湿试样质量 m_w,g				
	试样的体积含水率 θ,cm^3/cm^3				
50kPa	环刀＋湿试样质量 m_w,g				
	试样的体积含水率 θ,cm^3/cm^3				
⋮	环刀＋湿试样质量 m_w,g				
	试样的体积含水率 θ,cm^3/cm^3				
⋮	环刀＋湿试样质量 m_w,g				
	试样的体积含水率 θ,cm^3/cm^3				

实验者：　　　　记录/计算者：　　　　校核者：　　　　实验日期：

六、实验成果整理

1. 计算含水率

试样的质量含水率由式（5－7）计算：

$$\theta_G = \frac{m_w - m_{0D}}{m_{0D} - m_0} \tag{5-7}$$

式中：θ_G——试样的质量含水率，g/g；

m_0——环刀质量，g；

m_w——环刀+湿试样质量，g；

m_{0D}——环刀+烘干试样质量，g。

试样的体积含水率由式(5-8)计算：

$$\theta = \theta_G \cdot \frac{\rho_d}{\rho_w} \tag{5-8}$$

式中：θ_G——试样的质量含水率，g/g；

θ——试样的体积含水率 cm^3/cm^3；

ρ_d——试样的干密度，g/cm^3；

ρ_w——水的密度，g/cm^3。

成果记入表5-2中。

2.拟合土壤水分特征曲线

利用计算出的10kPa、30kPa、50kPa、0.1MPa、0.3MPa、0.5MPa、1.5MPa相对应的土壤水分含水率，以土壤水分含水率为纵坐标，以土壤水基膜势为横坐标作图，就可得到土壤水分特征曲线。根据Van Genuchten公式(5-4)，利用Statistic非线性程序包或RETC软件进行参数拟合，即可获得此时的水分特征曲线方程。

3.计算比容水度

把试样的水分特征曲线方程代入式(5-1)，即可得到试样的比容水度 C。

4.编写实验报告

编写土壤水分特征曲线测定(张力计法)实验报告。

七、注意事项

(1)所用陶土板的规格与需要加的压力相吻合，不得超过陶土板所能承受的压力。

(2)取样时应注意尽量将土面削平，否则与陶土板密接不良，影响土壤水的移动。

(3)压力腔室内装入试样准备加压前，务必盖好盖子，拧紧螺母，并在出水口放好接水容器。

(4)加压前，应先关闭压力腔室与调压装置筒的阀门，然后打开进气阀，转动调压手轮，观察压表直至稳定在所需压力上。

(5)平衡取样，应检查一下出水口是否与接水容器水面相连，防止因减压，水被吸入被测土样中。

(6)实验结束，要先放气后开盖取样。

(7)陶土板使用一段时间后，应该用10%HCl浸泡以去除 $CaCO_3$ 等杂质，以免堵塞孔隙而影响导水率。

八、思考题

(1)测定土壤水分特征曲线的压力板法和张力计法，在测定原理上有何不同？

(2)压力板法测定土壤水分特征曲线的优缺点各有哪些？

实验六　包气带土壤水力传导度测定

土壤水力传导度是反映土壤水分在压力水头差作用下流动的性能，在数量上等于在单位水头差作用下，单位土壤断面面积上通过的水流通量，常用单位有 cm/s、cm/min 或 m/d。它是土壤含水率或土壤负压的函数。在饱和土壤中，全部孔隙中都充满水，水力传导度达到最大值，且为常量（在饱和土壤中，水力传导度称为渗透系数）；在非饱和土壤中，部分孔隙，特别是大孔隙充气时，不再导水，水力传导度随着土壤含水率的降低而降低。

第一节　饱和水力传导度测定

在实验室内测定土壤的渗透系数方法很多。根据其原理，可分为常水头和变水头两种：前者适用于透水性大（$k>10^{-3}$ cm/s）的粗粒土，例如砾石和砂土；后者适用于透水性小（$k<10^{-3}$ cm/s）的细粒土，例如粉土和黏土。细粒土由于渗透系数很小、渗流流过土样的总水量很小，不易准确测定；或者测定总水量的时间需要很长，受蒸发和温度变化影响的实验误差会逐渐变大，必须采用变水头渗流法。

本实验采用变水头渗流法测定细粒土的渗透系数。

一、实验目的

(1)掌握变水头渗流法测定土壤的渗透系数。

(2)通过开展变水头渗流实验，进一步深刻理解土壤饱和水力传导度的物理意义及其影响因素。

(3)通过开展变水头渗流实验，进一步理解渗流基本定律——达西定律。

二、实验内容

(1)测定粉土的渗透系数。

(2)测定黏土的渗透系数。

三、实验原理

所谓变水头渗流法就是在整个实验过程中，水头差随时间而变化的方法（图 6－1）。

实验过程中，某任一时间 t 作用于试样的水头为 h，经过 dt 时间间隔以后，刻度管（截面积为 a）的水位降落 dh，则从时间 t 至 $t+dt$ 时间间隔内流经试样的水量 dQ 为：

$$dQ=-adh$$

式中：负号表示水量 Q 随水头 h 的降低而增加。

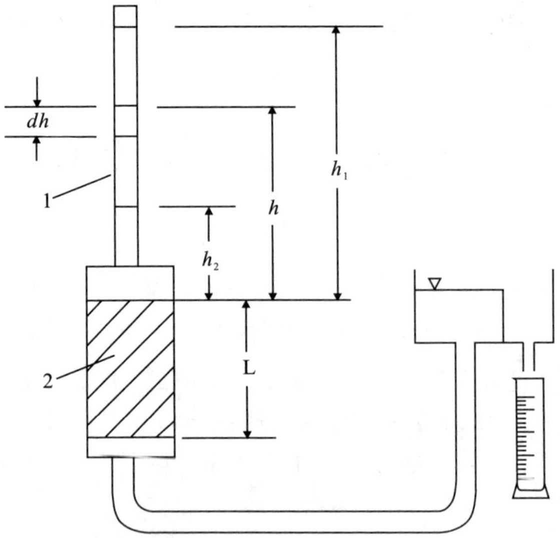

图 6-1　变水头实验示意图

1.细玻璃管;2.试样

同一时间内作用于试样的水力梯度 $i=h/L$,根据达西定律,其水量 dQ 应为:

$$dQ = kiAdt = k\frac{h}{L}Adt$$

得到:

$$dt = -\frac{aLdh}{kAh}$$

两边积分,并注意实验中,开始时($t=t_1$)的水头高度为 h_1,结束时($t=t_2$)的水头高度为 h_2,则:

$$\int_{t_1}^{t_2} dt = -\int_{h_1}^{h_2} \frac{aLdh}{kAh}$$

得到:

$$t_2 - t_1 = \frac{aL}{kA}\ln\frac{h_1}{h_2}$$

$$k = \frac{aL}{A(t_2 - t_1)}\ln\left(\frac{h_1}{h_2}\right) \tag{6-1a}$$

或者改为常用对数表示,则有:

$$k = 2.3\frac{aL}{A(t_2 - t_1)}\log\left(\frac{h_1}{h_2}\right) \tag{6-1b}$$

式中:k——水温为 T℃时试样的渗透系数,cm/s;

a——变水头管的断面积,cm^2;

L——渗流途径,即试样高度,cm;

A——试样断面积,cm^2;

t_1、t_2——测读水头的起始和终止时间,s;

h_1、h_2——起始和终止水头,cm。

四、实验仪器和用品

(1)变水头装置(图 6-2):由渗透容器(图 6-3)、变水头管、供水瓶、进水管等组成,其中渗透容器由环刀(内径 61.8mm、高 40mm)、透水石(渗透系数应大于 10^{-3} cm/s)、套环、上盖和下盖组成。

(2)其他:切土器、秒表、量筒、温度计、削土刀、钢丝锯、凡士林等。

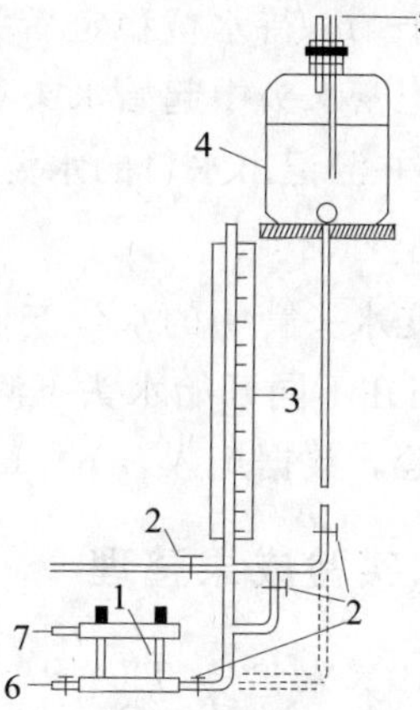

图 6-2　变水头渗透装置

1. 渗透容器;2. 进水管夹;3. 变水头管;4. 供水瓶;5. 接水源管;6. 排气管;7. 出水管

五、实验步骤

1. 饱和试样

将装有试样的环刀装入渗透容器,用螺母旋紧,要求密封至不漏水、不漏气。对不易透水的试样,进行抽气饱和;对饱和试样和较易透水的试样,直接用变水头装置的水头进行饱和。

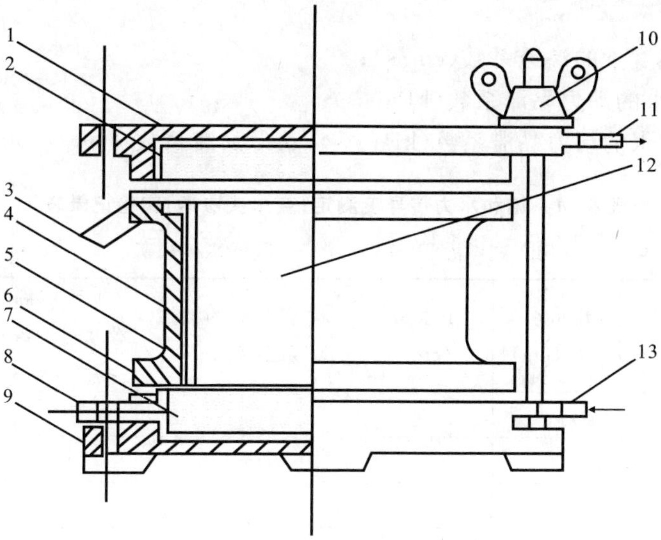

图 6-3　渗透容器

1. 上盖;2. 透水石;3. 橡皮圈;4. 环刀;5. 盛土器;6. 橡皮圈;7. 透水石;8. 排气孔;9. 下盖;10. 固定螺杆;11. 出水孔;12. 试样;13. 进水孔

2. 排气

将渗透容器的进水口与变水头管连接,利用供水瓶中的纯水向进水管注满水,并渗入渗透容器,打开排气阀,排除渗透容器底部的空气,直至溢出水中无气泡,关闭排水阀,放平渗透容器,关闭进水管夹。

3. 开展实验

向变水头管注入纯水,使水升至预定高度,水头高度根据试样结构的疏松程度确定,一般不应大于 2m，待水位稳定后关闭水源，开启进水管夹，使水通过试样。当出水口有水溢出时，开始测记变水头中起始水头高度 h_1 和起始时间 t_1，按预定时间间隔测定记录水头 h_2 和时间变化 t_2，并测记出水口的水温 T，准确至 0.2℃。数据记入表 6－1 中。

4. 平行测定

将变水头管中的水位变换高度，待水位稳定后再进行测记水头和时间变化，平行测定 5～6 次。当在不同开始水头下测定的渗透系数在允许差值范围内时（允许差值不大于 2×10^{-n}），结束实验。数据记入表 6－1 中。

六、实验成果整理

1. 计算水温为 T℃时的渗透系数

按式（6－1）计算水温为 T℃时的渗透系数。

2. 计算标准温度下的渗透系数

按式（6－2）计算：

$$k_{20} = k_T \frac{\eta_T}{\eta_{20}} \tag{6-2}$$

式中：k_{20}——标准温度下的渗透系数（cm/s）；

η_T——T℃时水的动力黏滞系数（kPa·s）；

η_{20}——20℃时水的动力黏滞系数（kPa·s），动力黏滞系数比 η_T/η_{20} 可由表 6－2 查得。

表 6－1　饱和水力传导度测定（变水头渗透）实验记录表

试样编号　　　仪器编号　　　试样面积（A）　　　试样高度（L）　　　测压管断面积（a）

开始时间 t_1(s)	终了时间 t_2(s)	历时 t(s)	开始水头 h_1(cm)	终了水头 h_2(cm)	水温 T (℃)	T℃时的渗透系数 k_T(cm/s)	校正系数 η_T/η_{20}	水温 20℃时的渗透系数 k_{20}(cm/s)	平均渗透系数 k_{20}(cm/s)

实验者　　　　记录/计算者　　　　校核者　　　　实验日期

表 6-2　水的动力黏滞系数 η_T、黏滞系数比 η_T/η_{20}

温度 T(℃)	动力黏滞系数 η_T(10^{-6}kPa·s)	黏滞系数比 η_T/η_{20}	温度 T(℃)	动力黏滞系数 η_T(10^{-6}kPa·s)	黏滞系数比 η_T/η_{20}
10.0	1.310	1.297	20.0	1.010	1.000
10.5	1.292	1.279	20.5	0.998	0.988
11.0	1.274	1.261	21.0	0.986	0.976
11.5	1.256	1.243	21.5	0.974	0.964
12.0	1.239	1.227	22.0	0.963	0.953
12.5	1.223	1.211	22.5	0.952	0.943
13.0	1.206	1.194	23.0	0.941	0.932
13.5	1.190	1.178	23.5	0.930	0.921
14.0	1.175	1.163	24.0	0.920	0.910
14.5	1.160	1.148	24.5	0.909	0.900
15.0	1.144	1.133	25.0	0.899	0.890
15.5	1.130	1.104	25.5	0.889	0.880
16.0	1.115	1.090	26.0	0.879	0.870
16.5	1.101	1.077	26.5	0.869	0.861
17.0	1.088	1.077	27.0	0.860	0.851
17.5	1.074	1.066	27.5	0.850	0.842
18.0	1.061	1.050	28.0	0.841	0.833
18.5	1.048	1.038	28.5	0.832	0.824
19.0	1.035	1.025	29.0	0.823	0.815
19.5	1.022	1.012	29.5	0.814	0.806

3. 编写实验报告

编写饱和水力传导度测定实验报告。

七、注意事项

(1)在实验前用抽气法或煮沸法对实验用的蒸馏水进行脱气。

(2)实验时的水温,易高于室温 3～4℃。

八、思考题

(1)分析影响土壤渗透系数大小的因素。

(2)分析影响土壤渗透系数测定精度的影响因素。

第二节 非饱和水力传导度测定

本实验采用瞬时剖面法测定土壤非饱和水力传导度。

一、实验目的

(1)掌握利用瞬时剖面法测定土壤非饱和水力传导度。

(2)通过测定土壤非饱和水力传导度,进一步深刻理解土壤非饱和水力传导度的物理意义及其影响因素。

二、实验内容

(1)测定粉土的非饱和水力传导度。

(2)测定黏土的非饱和水力传导度。

三、实验原理

利用垂直土柱取原状土或分层等密度装入扰动土壤,然后进行定水头上渗实验。根据达西定律,垂直一维流的通量公式为:

$$q(z,t) = K(\theta)\frac{\partial h}{\partial z} - 1 \tag{6-3}$$

式中:$q(z,t)$——距进水端距离为 z 处、t 时刻的水流通量,cm/min;

$K(\theta)$——非饱和水力传导度,cm/min;

z——距进水端(试样段底部)的距离,cm,向上为正;

h——土壤负压,cm;

t——时间,min。

那么,由式(6-3)可得:

$$K(\theta) = \frac{q(z,t)}{\dfrac{\partial h}{\partial z} - 1} \tag{6-4}$$

只要求得 z 处 t 时刻的水流通量 $q(z,t)$ 和负压梯度 $\frac{\partial h}{\partial z}$,就可计算为土壤非饱和水力传导度 $K(\theta)$。

四、仪器设备和用品

1. 实验装置

由土柱、负压测量系统、水分测量系统、供水装置四部分组成(图 6-4):

(1)土柱:由有机玻璃柱制作,长 120cm,内径 20cm;柱身周边垂向间隔 10cm 预留张力计埋设孔和水分传感器埋设孔,其中上下埋设孔距柱顶底面各为 15cm;柱底部 10cm 为水室。

(2)负压测量系统:张力计用 13mm 直径陶土头,Φ25mm 有机注排气管;负压测量计由有机玻璃水银槽、Φ1.5mm 孔径毛细玻璃管和不锈钢标尺组成，测量精度 1mm 汞柱；连通软管。

(3)水分测量系统：主要由 TDR100 时域反射计、土壤水分传感器等组成，水分测量范围：0～100%(m^3/m^3)，准确度：±2%，分辨率：0.1%。

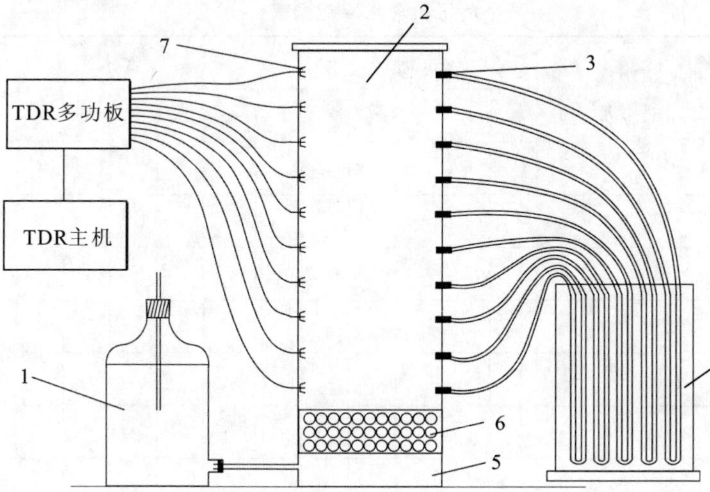

图 6-4　瞬时剖面法实验装置

1. 马氏瓶；2. 土柱；3. 张力计；4. 测压计；5. 水室；6. 滤层；7. 水分传感器

(4)供水装置：马氏瓶，定水头供水。

2. 其他

1.2mm 筛、装土工具等。

五、实验步骤

1. 准备试样

将试样风干、捣碎，并经过孔径为 1.2mm 的筛使其成为均匀的小颗粒。按拟定含水率约 7.00%(体积)将试样与一定量水拌和均匀，放置于一个盆中用塑料膜覆盖(防止蒸发)，让其充分均匀 2～3d。

2. 装填试样

按拟定湿容重装填入土柱。为使土柱均匀，每次装填高度约 2～5cm，同时将其均匀压实。

3. 安装量测系统

装填试样的同时在土柱两边对应埋设张力计及水分传感器，注意将它们与土壤充分接触，否则会影响测量精度。然后，把张力计及水分传感器连接到各自的测量系统上。

4. 开展实验

土柱装好 1～2d 后，待剖面负压及含水率读数稳定，就可以开始实验。

计算土柱的内断面面积 A。记录各测点 z_i 初始负压 h_{0i} 及含水率 θ_{0i}($i=1,2,3,\cdots,10$)。数据记入表 6-3 中。

将装满水的马氏瓶与水室相连，供水水位调制至与水室顶部齐平，打开瓶底的控制阀，同时开始计时 t_0。让土柱从底部吸水。之后，在湿锋经过各测点 z_i 时记录剖面含水率 θ_{ji} 及负压

读数 h_{ji}，同时记录对应的时间 t_j 及马氏瓶累计补水量 $V_j(j=1,2,3,4,5,\cdots)$。待负压及含水率变化较缓慢时，实验结束。数据记入表 6－3 中。

表 6－3　非饱和水力传导度测定实验记录表

负压和含水率记录表

测点编号 z_i	距进水端距离（试样段底部上算起）(cm)	负压 h_{ji}(cm)							含水率 θ_{ji}(cm^3/cm^3)						
		t_0	t_1	t_2	t_3	t_4	t_5	…	t_0	t_1	t_2	t_3	t_4	t_5	…
z_1	5														
z_2	15														
z_3	25														
z_4	35														
z_5	45														
z_6	55														
z_7	65														
z_8	75														
z_9	85														
z_{10}	95														

零断面累计进水量记录表

A：__________ cm^3

断面距进水端距离(cm)	累计进水量 V_j(cm^3)						
	t_0	t_1	t_2	t_3	t_4	t_4	…
0							

六、实验成果整理

1. 绘制负压剖面分布曲线

绘制不同时刻的负压剖面分布曲线。

2. 绘制含水率剖面分布曲线

绘制不同时刻的含水率剖面分布曲线。

3. 计算各断面的负压坡降 $\frac{\partial h}{\partial z}$

对某一断面，$\frac{\partial h}{\partial z}$ 可由在 Δt 时段内的平均负压梯度来代替。平均负压梯度采用调和平均值 $\overline{\left(\frac{\Delta h}{\Delta z}\right)}_{t_{i+1}-t_i}$，即：

$$\overline{\left(\frac{\Delta h}{\Delta z}\right)}_{t_{i+1}-t_i}=\frac{2\left(\frac{\partial h}{\partial z}\right)_{t_i}\cdot\left(\frac{\partial h}{\partial z}\right)_{t_{i+1}}}{\left(\frac{\partial h}{\partial z}\right)t_i+\left(\frac{\partial h}{\partial z}\right)_{t_{i+1}}}$$

其中：$\left(\frac{\Delta h}{\Delta z}\right)_{t_i}$、$\left(\frac{\Delta h}{\Delta z}\right)_{t_{i+1}}$ 分别为时间 t_i、t_{i+1} 时负压剖面曲线上 z 所对应点的曲线斜率。

4. 计算各断面的水流通量 $q(z,t)$

土柱内水分上渗过程为一维非稳定流，其基本方程为：

$$\frac{\partial\theta}{\partial t}=-\frac{\partial q}{\partial z} \tag{6-5}$$

式中：θ——土壤含水率；

q——距进水端距离为 z 处的水流通量，cm/min；

z——距进水端的距离，cm，向上为正；

t——实验时间，min。

对式(6-5)进行 z_0 到 z 范围的积分：

$$\int_{z_0}^{z}\frac{\partial\theta}{\partial t}dz=-\int_{z_0}^{z}dq=q(z_0)-q(z) \tag{6-6}$$

那么，式(6-6)变为：

$$q(z)=q(z_0)-\int_{z_0}^{z}\frac{\partial\theta}{\partial t}dz \tag{6-7}$$

取 t_j 和 t_{j+1} 之间的时间段为差分区间 $\Delta t(=t_{j+1}-t_j)$，上式可进一步改写为：

$$q(z)=q(z_0)-\frac{1}{\Delta t}\left[\int_{0}^{z}\theta(t_{j+1})dz-\int_{0}^{z}\theta(t_j)dz\right] \tag{6-8}$$

式中：$q(z)$——z 处在 Δt 时段内的平均水流通量；

$q(z_0)$——z_0 处在 Δt 时段内的平均水流通量，若 $z_0=0$，则可根据马氏瓶供水装置在 Δt 时段内实测的供水量求得：$q(z_0)=(V_j-V_0)/A\cdot\Delta t$。

$\frac{1}{\Delta t}\left[\int_{z_0}^{z}\theta(t_{j+1})dz-\int_{z_0}^{z_1}\theta(t_j)dz\right]$——根据 t_{j+1} 和 t_j 时刻的含水率分布曲线用图解积分法算得不同时段各断面储水量。

5. 计算 $K(\theta)$

把不同断面在不同时段的平均过水量值 $q(z,t)$ 和负压坡降值 $\overline{\left(\frac{\Delta h}{\Delta z}\right)}_{t_{i+1}-t_i}$ 带入式(6-4)即可求算出 $K(\theta)$。

根据各断面在不同时段的 $K(\theta)$ 和 θ 值，绘制 $K(\theta)\sim\theta$ 关系曲线，拟合 $K(\theta)$ 方程。

6. 编写实验报告

编写非饱和水力传导度测定实验报告。

七、注意事项

(1)实验过程中，必须保证各张力计和水分传感器的埋设孔及底部无漏水或渗水现象发生。

(2)由于式(6－8)是对微分的数值近似，所以相邻的两次测量时间间隔 Δt 不宜过长。但是受测量技术和土壤微小尺度下变异性的限制，并非时间间隔越短越好，因为离散的负压和含水率的微分区间可能达到测量误差的量级。

八、思考题

(1)分析影响土壤非饱和水力传导度大小的因素。

(2)总结土壤非饱和水力传导度测定精度的影响因素。

实验七　包气带土壤水分扩散度测定

土壤水分扩散度为不计重力影响时，单位含水率梯度下，通过单位面积的土壤水流通量，其值为土壤含水率的函数，即 $D(\theta)=k(\theta)\dfrac{\partial h}{\partial \theta}$，常用单位为 cm^2/min。

本实验采用水平土柱吸渗法测定土壤水扩散度。

一、实验目的

(1)掌握利用水平土柱吸渗法测定土壤水分扩散度。

(2)通过测定土壤水分扩散度，进一步理解土壤水分扩散度的物理意义及其影响因素。

二、实验内容

(1)测定粉砂的水分扩散度 $D(\theta)$。

(2)测定粉土的水分扩散度 $D(\theta)$。

三、实验原理

采用水平土柱法测定非饱和土壤水分扩散度时，要求土柱的土壤质地密度均一、初始含水率相同、土柱进水端水位恒定、压力为零，即水分在土柱中水平吸渗运动的主要动力为土壤基质吸力。由于土柱的口径较小，因此忽略重力作用，视为一维水平流动，其微分方程和定解条件为：

$$\begin{cases}\dfrac{\partial \theta}{\partial t}=\dfrac{\partial}{\partial x}\left[D(\theta)\dfrac{\partial \theta}{\partial x}\right] \\ \theta=\theta_a \qquad x>0, t=0 \\ \theta=\theta_b \qquad x=0, t>0 \\ \theta=\theta_a \qquad x\rightarrow\infty, t>0\end{cases} \tag{7-1}$$

式中：θ——距土柱初始端(进水边界)的距离为 x 处的土壤含水率，cm^3/cm^3；

t——实验时间，min；

x——距土柱初始端的距离，cm；

$D(\theta)$——土壤水分扩散度，cm^2/min；

θ_a——土壤初始含水率，cm^3/cm^3；

θ_b——始端土壤含水率(饱和含水率)，cm^3/cm^3。

方程(7-1)为非线性偏微分方程，采用 Boltzmann 变换，将其转化成常微分方程求解，即可得到 $D(\theta)$ 的计算公式：

$$D(\theta)=\frac{-1}{2(\frac{d\theta}{d\lambda})}\int_{\theta_a}^{\theta}\lambda\,\mathrm{d}\theta \qquad (7-2)$$

式中：$D(\theta)$——土壤水分扩散度，cm^2/min；

θ——距土柱初始端（进水边界）的距离为 x 处的土壤含水率，cm^3/cm^3；

λ——Boltzmann 变换的参数，$\lambda=xt^{-1/2}$，$cm/min^{1/2}$；

θ_a——土壤初始含水率，cm^3/cm^3。

t——实验时间，min；

x——断面距始端的距离，cm；

实验时，在 t 时刻测出土柱的含水率，并计算出各 x 点的 λ 值，就可以绘制出 $\theta-\lambda$ 关系的实验曲线。由此曲线，可求出不同 θ 值相对应的 $d\theta/d\lambda$ 值和 $\int_{\theta_a}^{\theta}\lambda d\theta$ 值，把它们代入式(6－2)，就可以计算出 $D(\theta)$。

四、实验仪器和用品

1. 实验装置

主要由土柱、供水装置和水分测量系统三个部分组成(图 7－1)。

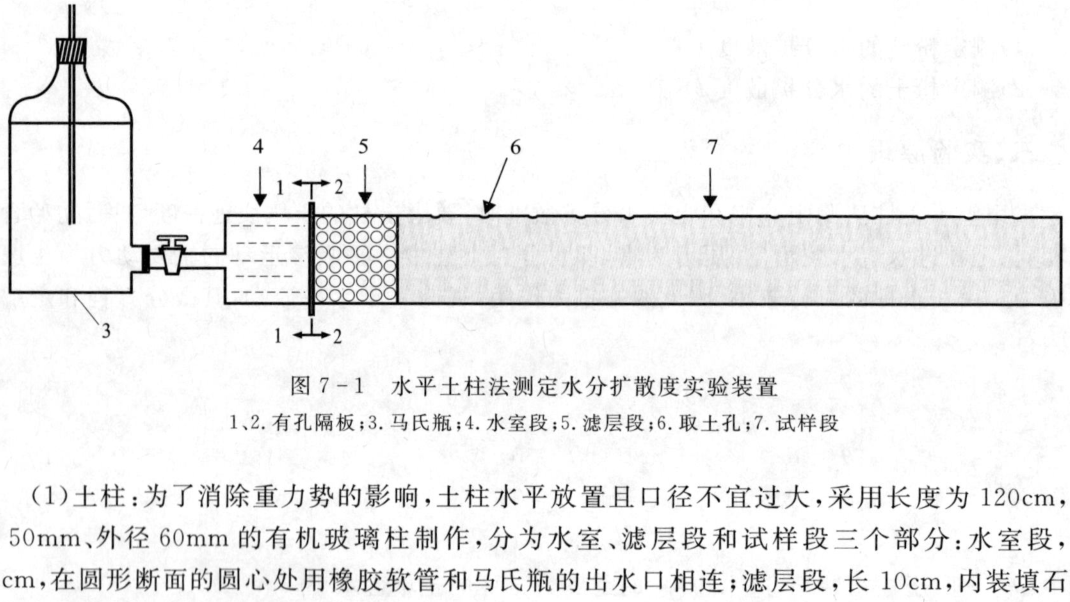

图 7－1　水平土柱法测定水分扩散度实验装置

1、2. 有孔隔板；3. 马氏瓶；4. 水室段；5. 滤层段；6. 取土孔；7. 试样段

(1)土柱：为了消除重力势的影响，土柱水平放置且口径不宜过大，采用长度为 120cm，内径 50mm、外径 60mm 的有机玻璃柱制作，分为水室、滤层段和试样段三个部分：水室段，长 10cm，在圆形断面的圆心处用橡胶软管和马氏瓶的出水口相连；滤层段，长 10cm，内装填石英砂以缓冲水流，使水流保持层流状态；试样段，长 100cm，土柱自试样段初始段 5cm 处起，每 10cm 分布安装水分传感器的安装孔，共有 10 个孔。

(2)供水装置：采用马氏瓶，马氏瓶进气管下端、马氏瓶出水口以及土柱水室的进水口保持同一水平高度，以消除重力势和压力势对土壤水分扩散的影响。

(3)水分测量系统：TDR100 时域反射计、土壤水分传感器、数据采集器以及相应的供电、通讯等模块，水分测量范围：0～100%(m^3/m^3)，准确度：±2%，分辨率：0.1%。测定沿程试样含水率。

2. 其他

装土工具等。

五、实验步骤

1. 装填试样

试样经过风干、磨细和过筛(孔径 2mm),保证土柱初始含水率和质地均一。试样分层填装夯实,每层厚度 3cm 左右,为保持各层接触紧密层间做抓毛处理。

2. 安装土柱

试样填装完毕后,塞入过滤海绵或装填石英砂作为缓冲段,将水室与缓冲段用螺丝连接并在接口处涂抹凡士林保证不漏水。

3. 安装供水装置

为了实现无压供水,供水装置采用马氏瓶,安装马氏瓶时须将马氏瓶进气管下端、马氏瓶出水口以及土柱的中心(即水室进水口)处于同一水平高度,以保证实验时为零水头供水。

4. 向水室中供水

将马氏瓶出水口与水室进水口用橡胶软管相连接,将土柱室端朝下倾斜,使水室低于马氏瓶出水口,向水室供水。当水室充满水,缓冲段部分饱水时将土柱迅速水平放置(保持土柱中心与马氏瓶出水口处于同一水平高度),同时启动秒表记录实验开始的时间 t_0。数据记入表 7－1 中。

5. 观测、记录试验数据

待水平土柱中的湿润锋到达整个土柱的 2/3 时,停止供水,记录结束时间 t_n,利用水分测量系统测出土柱沿程 x_i($i=1,2,3,\cdots,10$)试样含水率 θ_i 分布。数据记入表 7－1 中。

六、实验成果整理

1. 绘制 θ—λ 关系曲线

计算 x_i 的 λ 值($\lambda=xt^{-1/2}$),绘制 θ-λ 关系曲线,并对曲线进行修正,使其成为光滑曲线。

2. 计算 $\Delta\theta$、$\Delta\lambda$、$\Delta\lambda/\Delta\theta$ 和 $\overline{\dfrac{\Delta\lambda}{\Delta\theta}}$

计算各相邻 x_i、x_{i+1} 点间的 $\Delta\theta$、$\Delta\lambda$ 和 $\Delta\lambda/\Delta\theta$,然后用相邻的两个 $\Delta\lambda/\Delta\theta$ 求个各 x 点的平均值,即 $\overline{\dfrac{\Delta\lambda}{\Delta\theta}}$。

3. 计算 $\int_{\theta_a}^{\theta}\lambda d\theta$

利用数值积分计算 $\int_{\theta_a}^{\theta}\lambda d\theta=\sum\bar{\lambda}\Delta\theta$,其中 $\bar{\lambda}$ 取与 θ 对应的 λ 及相邻 λ 值的平均值。

4. 计算水分扩散度 $D(\theta)$

利用式(7－2)的差分形式计算:

$$D(\theta)=-\frac{1}{2}\frac{\Delta\lambda}{\Delta\theta}\sum\bar{\lambda}\Delta\theta \tag{7-3}$$

计算时,亦可将 θ-λ 图划分成条状,然后列表计算出 $D(\theta)$ 的值,计算表如表 7－1、表 7－2。

表 7－1　水分扩散度测定实验记录表

实验开始时间 t_0＝　　min　实验结束时间 t_n＝　　min　实验持续时间 t＝　　min

距试样段始端的距离 x_i(cm)	试样的含水率 θ_i(cm^3/cm^3)	$\lambda = xt^{-1/2}$($cm/min^{1/2}$)
5		
15		
25		
35		
45		
55		
65		
75		
85		
95		

实验者：　　记录/计算者：　　校核者：　　实验日期：

表 7－2　水分扩散度 $D(\theta)$计算表

1	2	3	4	5	6	7	8	9	10
θ	λ	$\Delta\theta$	$\Delta\lambda$	$\Delta\lambda/\Delta\theta$	$(\overline{\Delta\lambda/\Delta\theta})$	$\bar{\lambda}$	$\bar{\lambda}\Delta\theta$	$\sum\bar{\lambda}\Delta\theta$	$D=-0.5\times(6)\times(9)$
							/		
			/						

注：表中第 1,2 栏来自实测；第 3,4 栏分别为 1、2 栏相邻行的差值；第 5 栏为 4 栏与 3 栏之商；第 6,7 栏分别为 5、2 栏相邻行的平均值；第 8 栏为 3 栏与 7 栏之积；第 9 栏为第 8 栏的累加值；第 10 栏按公式计算。

实验者：　　记录/计算者：　　校核者：　　实验日期：

5. 绘制 $D(\theta)-\theta$ 关系图

由所得到的 $D(\theta)-\theta$ 关系，拟合出 $D(\theta)$ 的趋势线，并显示公式。

6. 编写实验报告

编写土壤水分扩散度测定报告。

七、注意事项

(1)装土时，试样的干密度的选取必须符合实际，并且在装土时保证层与层之间的良好接触，否则会在入渗时出现分层现象，会影响最终的实验结果。

(2)安装马氏瓶时，一定注意使马氏瓶的进气口与土柱的上端相平齐，使它形成零水头。

(3)安装土柱时，一定要在土柱与水室的螺丝处涂抹凡士林，保证整个土柱不漏水。

(4)实验开始供水时，利用其他供水装置向水室提供定量的水量，以保证马氏瓶中的水量全部用来进行土柱的水平入渗，否则实验过程中马氏瓶中的水量不够用，最终会造成试验结果的偏差。

八、思考题

(1)分析影响土壤扩散率的影响因素。

(2)分析土壤水分扩散度与土壤含水率的关系。

(3)分析土壤水分容水度、土壤水力传导度、土壤水分扩散度三者之间的关系。

第三部分

包气带土壤溶质运移参数测定

实验八　包气带土壤水动力弥散系数测定

溶质在土壤水流动过程中，被逐渐分散，并不断占据流动区域中越来越大的空间而超出了按平均水流速度所预计应占有的范围，这种现象称为水动力弥散现象。流体在土壤内流动时，由微观速度不均一所造成的溶质运移现象称为机械弥散；由土壤水中所含溶质的浓度不均匀而引起的溶质运移现象称为分子扩散。当流体在土壤中流动时，机械弥散和分子扩散以不可分割的形式共同起作用，合起来就是水动力弥散。沿着水流动方向发生的扩展称为纵向弥散，垂直于水流动方向发生的扩展称为横向弥散，在土壤水流动系统内上、下扩展的称为垂向弥散，逆流向扩展的称为逆向扩散。

定量描述土壤水动力弥散作用大小的参数为水动力弥散系数，常用单位为cm^2/min。水动力弥散系数是定量研究土壤溶质运移的不可或缺的重要参数，是表征在一定流速下，土壤对某种溶质弥散能力的参数，它在宏观上反映了土壤中水流动过程和孔隙结构特征对溶质运移过程的影响。

在实际土壤水流动过程中，纵向弥散和横向弥散总是主要的。因此，实际中应用较多的是纵向弥散系数和横向弥散系数的测定。当水流速较大以至于可以忽略分子扩散系数，同时假设弥散系数与水的平均孔隙流速呈线性关系，这样可先求出弥散系数，再除以平均孔隙流速即可获取弥散度，常用单位为cm，或反之。弥散度可视为土壤不均一性的尺度，纯粹由土壤的孔隙性所决定。

第一节　饱和土壤一维流纵向水动力弥散系数测定

本实验采用垂直土柱示踪穿透法测定饱和土壤中一维水流条件下的纵向弥散系数。

一、实验目的

(1)加深对纵向弥散现象的理解。

(2)掌握测定饱和土壤一维流纵向弥散系数的室内测定方法。

二、实验内容

(1)测定细砂的纵向弥散系数。

(2)测定粉砂的纵向弥散系数。

(3)测定粉土的纵向弥散系数。

三、实验原理

采用非吸附性溶质进行室内一维土柱弥散实验:柱体内土壤均匀,水流动均匀且稳定,在土柱的一端($x=0$,取 x 正向与流向相同)连续注入一定浓度的示踪剂,土壤水分流动和示踪剂弥散可视为一维水分和溶质流动问题,其数学模型为:

$$\begin{aligned} &\frac{\partial C}{\partial t} = D_L \frac{\partial^2 C}{\partial x^2} - v \frac{\partial C}{\partial x} \\ &C(x,0) = 0 \qquad 0 \leqslant x < \infty \\ &C(0,t) = C_0 \qquad t > 0 \\ &C(\infty,t) = 0 \qquad t > 0 \end{aligned} \tag{8-1}$$

式中:C——t 时刻溶质浓度,g/L;

t——实验时间,min;

D_L——纵向弥散系数,cm^2/min;

x——示踪剂迁移距离,cm;

v——水的平均孔隙流速,cm/min,$v=V/n$(其中:n 为土壤的孔隙度;v 为水的平均达西流速,cm/min);

C_0——连续注入的溶质(示踪剂)浓度,g/L。

利用同一观测点 x 处的不同时刻数据,对上述模型采用 Laplace 变换,可得 D_L 的计算公式:

$$D_L = \frac{1}{8}\left(\frac{x - vt_{0.159}}{\sqrt{t_{0.159}}} - \frac{x - vt_{0.841}}{\sqrt{t_{0.841}}}\right)^2 \tag{8-2}$$

式中:x——观测点 x 处距初始端的距离,cm;

v——水的平均孔隙流速,cm/min;

$t_{0.159}$——观测点 x 处的溶质相对浓度 C/C_0 到达 0.159 时的时间,min;

$t_{0.841}$——观测点 x 处的溶质相对浓度 C/C_0 到达 0.841 时的时间,min。

同理,利用同一观测时间 t 的沿程观测数据,对上述模型采用 Laplace 变换,亦可得 D_L 的计算公式:

$$D_L = \frac{1}{8t}(x_{0.159} - x_{0.841})^2 \tag{8-3}$$

式中:t—该观测时刻距开始观测的时间,min;

$x_{0.159}$——t 时刻溶质相对浓度 C/C_0 到达 0.159 时距土柱初始端的距离,cm;

$x_{0.841}$——t 时刻溶质相对浓度 C/C_0 到达 0.841 时距土柱初始端的距离,cm。

即通过弥散实验绘制某一点相对浓度 C/C_0 随时间的变化曲线,由曲线查得 C/C_0 到达

0.159、0.841 的时间，利用式(8－2)即可求出 D_L；或者，绘制某一时刻溶质相对浓度的沿程曲线，由曲线上查出得 C/C_0 到达 0.159、0.841 的距离，利用式(8－3)即可求出 D_L。进而，可利用 $\alpha_L=\frac{D_L}{v}$ 求算相应的纵向弥散度 α_L。

四、实验仪器和用品

1. 实验装置

由土柱、定水头供水装置、土壤溶质浓度测量系统等组成(图 8－1)：

(1)土柱：由有机玻璃柱制作，长 1.2m，内直径为 20cm；分为水室、滤层段和试样段三个部分：水室段，长 10cm，在圆形断面的圆心处用橡胶软管和马氏瓶的出水口相连；滤层段，长 5cm，内填石英砂缓冲水流，使水流保持层流状态；试样段，长 105cm，装填试样长度 100cm 在距试样段底部向上 5cm 处起每 10cm 开孔，用于安装电极，测定试样中示踪剂的电导率值。

(2)供水瓶：一个装去离子水，用于饱和试样，冲洗土用；另一个装示踪剂用于穿透实验。

(3)土壤溶质浓度测量系统：主要由电极、电导率仪等组成。

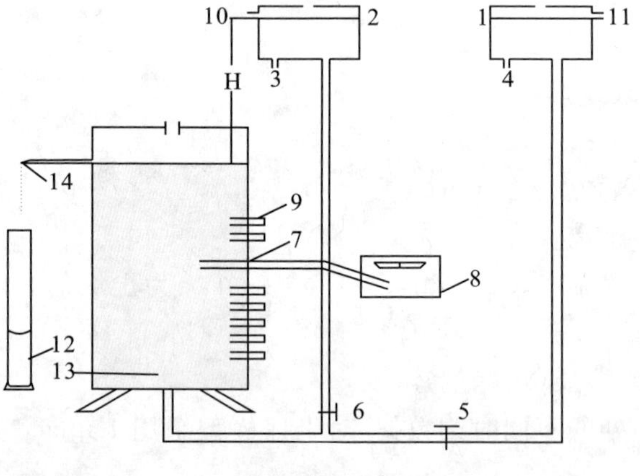

图 8－1　纵向弥散实验装置

1、2. 定水头供水装置；3、4. 示踪和水供给管；5. 供水开关；6. 供溶液开关；7. 电导电极；8. 电导率仪；9. 电极插孔；10、11. 溢流口；12. 量筒；13. 砾石层；14. 试样柱出水口

2. 其他

流量计、温度计、坐标纸、示踪剂、环刀、烘箱、天平、量筒等。

五、实验步骤

1. 制备示踪剂溶液

选择非吸附性示踪剂 NaCl，称取一定量溶于水中，待其完全溶解混和均匀后，测其电导率 C_0。数据记入表 8－1 中。

2. 装填土柱

首先，在土柱底部装入厚 5cm、磨圆度好、粒径为 2～5mm 的小砾石作为缓冲层，并衬上尼龙网；接着，分层按等容重装填试样，同时安装电极。试样装填好以后，在试样顶部装填尼龙网和 5cm 厚砾石层作为缓冲。

表 8－1　饱和一维流纵向弥散系数测定实验记录表

土柱内试样孔隙度 n：____　实验时土柱内水的达西流速 V：____ cm/min　注入的示踪剂浓度 C_0：____ g/L

观测孔号			1	2	3	4	5	6	7	8	9	10	11(出口)
观测孔位置(cm)			5	10	25	35	45	55	65	75	85	95	100
时间(min)	t_0	电导率 K_{0j} $(S \cdot m^{-1})$											
		浓度 C_{0j} (g/L)											
		C_{0j}/C_0											
	t_1	电导率 K_{1j} $(S \cdot m^{-1})$											
		浓度 C_{1j} (g/L)											
		C_{1j}/C_0											
	t_2	电导率 K_{2j} $(S \cdot m^{-1})$											
		浓度 C_{2j} (g/L)											
		C_{2j}/C_0											
	t_3	电导率 K_{3j} $(S \cdot m^{-1})$											
		浓度 C_{3j} (g/L)											
		C_{3j}/C_0											
	t_4	电导率 K_{4j} $(S \cdot m^{-1})$											
		浓度 C_{4j} (g/L)											
		C_{4j}/C_0											
	t_5	电导率 K_{5j} $(S \cdot m^{-1})$											
		浓度 C_{5j} (g/L)											
		C_{5j}/C_0											
	t_6	电导率 K_{6j} $(S \cdot m^{-1})$											
		浓度 C_{6j} (g/L)											
		C_{6j}/C_0											
	t_7	电导率 K_{7j} $(S \cdot m^{-1})$											
		浓度 C_{7j} (g/L)											
		C_{7j}/C_0											
	t_8	电导率 K_{8j} $(S \cdot m^{-1})$											
		浓度 C_{8j} (g/L)											
		C_{8j}/C_0											
	⋮	电导率 K_{ij} $(S \cdot m^{-1})$											
		浓度 C_{ij} (g/L)											
		C_{ij}/C_0											

实验者：　　　　记录/计算者：　　　　校核者：　　　　实验日期：

3.饱和试样

打开开关5把清水瓶与土柱底部进水口相连，让水经过滤层由下而上缓慢充水，以便使试样中的空气完全排出。当土柱出水口有水流出时，继续充水以滤出土中盐分，以使整个土柱初始浓度分布均匀。监测出水口水的电导率值，直至为0。

4.测定达西流速

用量筒在出水口接取一定体积的水，同时记录接取时间，根据一定时间内的出水量与柱体内横截面积的比值计算土柱内稳定水的达西流速V。数据记入表8-1中。

5.供给示踪剂溶液

利用电导率仪测定各个测孔及出口的初始电导率$K_{0j}(j=1,2,3,4,\cdots,11)$。在保证和清水供水水头一致的情况下，关闭开关5的同时打开开关6，使示踪剂溶液迅速持续不断地注入土柱。记录实验开始时间t_0。数据记入表8-1中。

6.测定电导率

根据达西流速，每隔一段时间$t_i(i=1,2,3,4,\cdots)$在各断面及出口处测定电导值率K_{ij}，以观测示踪剂浓度变化。当出水口示踪剂浓度接近C_0时，结束实验。数据记入表8-1中。

7.测定孔隙度

实验结束后，在土柱内用环刀采集原状试样，利用烘干-称重法测定其孔隙度n。数据记入表8-1中。

六、实验成果整理

1.计算C_{ij}/C_0值

计算相对浓度C_{ij}/C_0值。数据填入表8-1中。

2.绘制C/C_0-t(或C/C_0-x)曲线

基于各测点溶质相对浓度C_{ij}/C_0及其对应的时间t_i，拟合C/C_0-t关系曲线。

基于各测定时间点溶质相对浓度C_{ij}/C_0及其对应的测定位置x_j，拟合C/C_0-x关系曲线（即溶质相对浓度沿程分布曲线图）。

3.计算纵向弥散系数

在C/C_0-t曲线图中确定$C/C_0=0.159$、0.841所分别对应的时间$t_{0.159}$和$t_{0.841}$，按式(8-2)计算纵向弥散系数D_L。对各观测点分别计算，取平均，可得该试样在相应流速下的纵向弥散系数D_L。

同理，在溶质相对浓度沿程分布曲线图中确定$C/C_0=0.159$、0.841所分别对应的$x_{0.159}$和$x_{0.841}$，按式(8-3)计算纵向弥散系数。对各观测时刻分别计算，取平均，可得该试样在相应流速下的纵向弥散系数D_L。

4.计算纵向弥散度

按$\alpha_L=\dfrac{D_L}{v}$求算相应的纵向弥散度α_L。

5.编写实验报告

编写饱和土壤一维流纵向水动力弥散系数测定实验报告。

七、注意事项

(1)实验过程中,注意漏水现象的发生。

(2)土柱装填过程,注意保持填土的均一性。

八、思考题

(1)分析影响土壤纵向水动力弥散系数大小的因素。

(2)分析土壤纵向水动力弥散系数的影响因素。

第二节　饱和土壤一维流横向水动力弥散系数测定

本实验采用渗流法测定饱和土壤中一维水流条件下的横向弥散系数。

一、实验目的

(1)加深对横向弥散现象的理解。

(2)掌握测定饱和土壤一维流横向弥散系数的室内测定方法。

二、实验内容

(1)测定粉砂的横向弥散系数。

(2)测定粉土的横向弥散系数。

三、实验原理

对于均质无限的渗流区,取 x 正向与地下水流向相同,水流速度恒定,假定在 $x=0,y\leqslant 0$ 的边界上溶质浓度为 C_0,且浓度稳定;在 $x=0,y>0$ 的边界上溶质浓度为 0。经过相当长时间后浓度剖面近似稳定,此时 $\frac{\partial C}{\partial t}=0$ 且 $D_L\frac{\partial^2 C}{\partial x^2}\ll D_T\frac{\partial^2 C}{\partial y^2}$,其数学模型为:

$$\begin{cases} v\frac{\partial C}{\partial x}=D_T\frac{\partial^2 C}{\partial y^2} \\ C(0,y)=0 \qquad y>0 \\ C(0,y)=C_0 \qquad y\leqslant 0 \\ \left.\frac{\partial C}{\partial y}\right|_{y=\pm\infty}=0 \end{cases} \tag{8-4}$$

式中:C_0——连续注入的示踪剂浓度,g/L;

x——沿水流方向距示踪剂注入边界的距离,cm;

y——垂直水流方向距示踪剂注入边界的距离,cm;

D_T——横向弥散系数,cm^2/min;

C——计算点(x、y)的示踪剂浓度,g/L;

v——水的平均孔隙流速,cm/min,$v=V/n$,(其中 n 为土壤的孔隙度;V 为水的平均达西流速，cm/min)。

利用同一观测断面 x 的不同 y 处的数据，对上述模型采用 Laplace 变换，可得 D_T 的计算公式：

$$D_T = \frac{v\,(y_{0.841} - y_{0.159})^2}{8x} \tag{8-5}$$

式中：v——水的平均孔隙流速，cm/min；

$y_{0.159}$——观测断面 x 处的溶质相对浓度 C/C_0 到达 0.159 时的 y 值，cm；

$y_{0.841}$——观测断面 x 处的溶质相对浓度 C/C_0 到达 0.841 时的 y 值，cm；

x——观测断面距示踪剂注入边界的距离，cm；

按照定解条件设计实验，即通过弥散实验绘制某一断面处相对浓度随 y 的变化曲线，由曲线上查出得 C/C_0 到达 0.159、0.841 的 y 值，用式(8-5)即可求出 D_T。进而，利用 $\alpha_T = \frac{D_T}{v}$ 求算相应的横向弥散度 α_T。

四、实验仪器和用品

1. 实验装置

由渗流槽、定水头供排水装置、土壤溶质浓度测量系统等组成(图 8-2)。

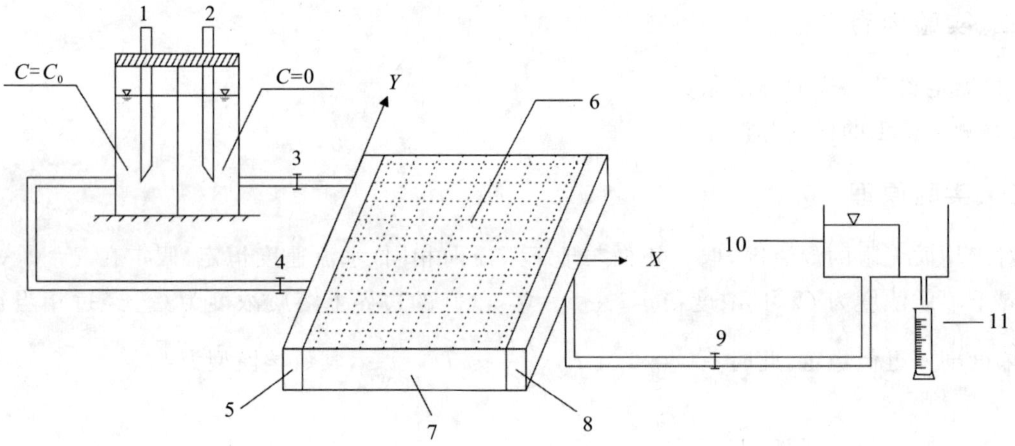

图 8-2　弥散实验装置

1. 供液马氏瓶；2. 供水马氏瓶；3. 供水开关；4. 供液开关；5. 供水槽；6. 观测点布置线；7. 渗流槽；8. 排水槽；9. 排水开关；10. 定水头排水装置；11. 量筒

(1)渗流槽：由有机玻璃制作，槽身长 150cm、宽 40cm、高 50cm，内装试样。

(2)定水头供排水装置：位于槽体两侧，上游边界有两个互不干扰的水槽构成：一个由装有去离子水的马氏瓶供水；另一个由装有示踪剂的马氏瓶供水。水槽和渗流槽间有覆细纱网的多孔板隔开，主要是为供排水时不破坏试样结构。

(3)土壤溶质浓度测量系统：由电极、电导率仪等组成。

2. 其他

流量计、温度计、坐标纸、示踪剂、环刀、烘箱、天平、量筒等。

五、实验步骤

1. 制备示踪剂溶液

选择非吸附性示踪剂 NaCl，称取一定量溶于水中，待其完全溶解混和均匀后，测其电导率 C_0。数据记入表 8-2 中。

2. 装填土槽

首先，在土槽底部装入厚 5cm、磨圆度好、粒径为 2～5mm 的小砾石作为缓冲层，并衬上尼龙网；接着，分层按等容重装填试样，同时安装电极。

3. 饱和试样

打开开关 5 把清水瓶与土槽底部进水口相连，让水经过滤层由下而上缓慢充水，以便使试样中的空气完全排出。当土槽出水口有水流出时，继续充水以滤出试样中盐分，以使整个土槽初始浓度分布均匀。监测出水口水的电导率值，直至为 0。

4. 测定达西速度

降低下游水箱使之与上游形成较小的水头差。在渗流槽内形成稳定的均匀流动。用量筒在出水口接取一定体积的水，同时记录接取时间，根据一定时间内的出水量与槽体内横截面积的比值计算土槽内的达西速度 V。数据记入表 8-2 中。

表 8-2　饱和一维流横向水动力弥散系数测定实验记录表

x 方向(水流方向)

土槽内试样的孔隙度 n:____________　实验时土槽内的达西流速 V:____________ cm/min

观测断面号				0	1	2	3	4	5	6	7	8	9	10(出口)
观测断面 x_j 位置(cm)				0	10	20	30	40	50	60	70	80	90	100
时间(min)	t_0		电导率 K_{0j}(S·m^{-1})											
	t_1		电导率 K_{1j}(S·m^{-1})											
	t_2		电导率 K_{2j}(S·m^{-1})											
	t_3		电导率 K_{3j}(S·m^{-1})											
	t_4		电导率 K_{4j}(S·m^{-1})											
	t_5		电导率 K_{5j}(S·m^{-1})											
	t_6		电导率 K_{6j}(S·m^{-1})											
	t_7		电导率 K_{7j}(S·m^{-1})											
	t_8		电导率 K_{8j}(S·m^{-1})											
	⋮		电导率 K_{ij}(S·m^{-1})											

实验者：　　　　记录/计算者：　　　　审核者：　　　　实验日期：

5. 供给示踪剂溶液

利用电导率仪测定各个测孔的初始电导率值 K_{0j}($j=0,1,2,3,\cdots,10$)。在保证和清水供水水头一致的情况下,关闭开关 5 的同时打开开关 6,在供水端 $x=0$、$y\leqslant 0$ 的边界上迅速持续不断地注入示踪剂溶液。在另一供水端 $x=0$、$y>0$ 的边界上迅速持续不断地注入清水。记录实验开始时间 t_0。

6. 测定电导率

根据渗透速度,每隔一段时间 t_i($i=1,2,3,\cdots$)在各断面及出口处测定电导率值 K_{ij},以观测示踪剂浓度变化。t_i 时刻,当距投放边界 x 处的示踪剂浓度不再变化时,即可认为在此断面溶质分布达到了稳定。记此断面为 x_j。数据记入表 8-3 中。

测定 x_j 断面示踪剂浓度在 y 方向的变化。选择两个以上断面,测定断面的示踪剂浓度在 y 方向上的变化。数据记入表 8-2 中。

当出水口样品浓度接近 C_0 时,结束实验。

7. 测定孔隙度

实验结束后,在土柱内用环刀采集原状试样,测定其孔隙度 n。数据记入表 8-2 中。

六、实验成果整理

1. 计算 C_{ij}/C_0 值

计算稳定断面相对浓度 C_{ij}/C_0。数据记入表 8-3 中。

2. 绘制 C/C_0-y 曲线

基于各测定时间点的 C_{ij}/C_0 及其对应的位置,绘制 C/C_0-y 关系曲线(溶质相对浓度沿 y 轴方向的分布曲线)。

3. 计算横向弥散系数

在 C/C_0-y 关系曲线图中确定 $C/C_0=0.159$、0.841 所分别对应的 $y_{0.159}$ 和 $y_{0.841}$,按式(8-5)计算横向弥散系数 D_T。对不同断面 x 分别计算,取平均,可得该试样在相应流速下的横向弥散系数 D_T。

4. 计算横向弥散度

按 $\alpha_T=\dfrac{D_T}{v}$ 求算相应的横向弥散度 α_T。

5. 编写实验报告

编写饱和土壤一维流横向水动力弥散系数测定实验报告。

七、注意事项

(1)实验过程中,注意漏水现象的发生。

(2)土柱装填过程,注意保持填土的均一性。

八、思考题

(1)分析影响饱和土壤一维流横向水动力弥散系数大小的因素。

(2)分析饱和土壤一维流横向水动力弥散系数测定精度的影响因素。

表 8-3　饱和一维流横向水动力弥散系数测定实验记录表

y方向(垂直水流方向)

y方向观测号			0	1	2	3	4	5	6	7	8	9	10(出口)
观测位置 y_k(cm)			−50	−40	−30	−20	−10	0	10	20	30	40	50
时间(min)	x_0	电导率 K_{i0}(S·m^{-1})											
		浓度 C_{i0}(g/L)											
		C_{i0}/C_0											
	x_1	电导率 K_{i1}(S·m^{-1})											
		浓度 C_{i1}(g/L)											
		C_{i1}/C_0											
	x_2	电导率 K_{i2}(S·m^{-1})											
		浓度 C_{i2}(g/L)											
		C_{i2}/C_0											
	x_3	电导率 K_{i3}(S·m^{-1})											
		浓度 C_{i3}(g/L)											
		C_{i3}/C_0											
	x_4	电导率 K_{i4}(S·m^{-1})											
		浓度 C_{i4}(g/L)											
		C_{i4}/C_0											
	x_5	电导率 K_{i5}(S·m^{-1})											
		浓度 C_{i5}(g/L)											
		C_{i5}/C_0											
	x_6	电导率 K_{i6}(S·m^{-1})											
		浓度 C_{i6}(g/L)											
		C_{i6}/C_0											
	x_7	电导率 K_{i7}(S·m^{-1})											
		浓度 C_{i7}(g/L)											
		C_{i7}/C_0											
	x_8	电导率 K_{i8}(S·m^{-1})											
		浓度 C_{i8}(g/L)											
		C_{i8}/C_0											
	x_9	电导率 K_{i9}(S·m^{-1})											
		浓度 C_{i9}(g/L)											
		C_{i9}/C_0											
	x_{10}	电导率 K_{i10}(S·m^{-1})											
		浓度 C_{i10}(g/L)											
		C_{i10}/C_0											

实验者：　　　　　　记录/计算者：　　　　　　审核者：　　　　　　实验日期：

第三节　饱和土壤一维流二维水动力弥散系数测定

本实验采用土槽瞬时投放示踪剂-标准曲线法测定饱和土壤一维水流条件下的二维水动力弥散系数。

一、实验目的

(1)增强对饱和土壤水动力一维水流条件下二维弥散的理解。

(2)掌握饱和土壤一维水流条件下二维水动力弥散系数的室内测定方法。

二、实验内容

(1)测定粉砂的纵向弥散系数和横向弥散系数。

(2)测定粉土的纵向弥散系数和横向弥散系数。

三、实验原理

在沿水平方向无限展布、均质、等厚的孔隙含水层中,存在着满足达西定律的一维稳定水流。在这种流场中设置一个示踪剂注入孔,在该孔的下游垂直水流方向布置一排或多排观测孔。以注入孔为坐标原点,取 x 轴与水流方向一致,y 轴与水流方向垂直,确定出各观测孔的坐标位置。在 $t=0$ 时刻,从注入孔对整个含水层厚度瞬时注入质量为 m 的示踪剂,研究示踪剂浓度在含水层中的分布随时间的变化,可用如下数学模型来描述:

$$\begin{cases} \dfrac{\partial C}{\partial t} = D_L \dfrac{\partial^2 C}{\partial x^2} + D_T \dfrac{\partial^2 C}{\partial y^2} - v \dfrac{\partial C}{\partial x} \\ C(x,y,0) = 0 & (x,y) \neq 0 \\ C(\pm\infty,y,t) = 0 & t \geqslant 0 \\ C(x,\pm\infty,t) = 0 & t \geqslant 0 \\ \displaystyle\int_{-\infty}^{\infty}\int_{-\infty}^{\infty} nC\mathrm{d}x\mathrm{d}y = m \end{cases} \tag{8-6}$$

式中:D_L——纵向弥散系数,cm^2/min;

D_T——横向弥散系数,cm^2/min;

C——示踪剂浓度,g/L;

t——时间,min;

v——水的平均孔隙流速,cm/min;

n——土壤的孔隙度,cm^3/cm^3;

m——单位线源瞬时注入示踪剂的质量,g;

x、y——坐标值,cm、cm。

这一数学模型的解析解为:

$$C(x,y,t) = \frac{m}{4\pi nt\sqrt{D_L D_T}}\exp\left[\frac{(x-vt)^2}{4D_L T} - \frac{y^2}{4D_T t}\right] \tag{8-7}$$

忽略孔隙介质中的分子扩散作用，上式可改写为：

$$C(x,y,t)=\frac{m}{4\pi nvt\sqrt{\alpha_L\alpha_T}}\exp\left[-\frac{(x-vt)^2}{4\alpha_L vT}-\frac{y^2}{4\alpha_T vt}\right] \quad (8-8)$$

式中：$\alpha_L=D_L/v,\alpha_T=D_T/v$。

其中：α_L,α_T ——纵向弥散度和横向弥散度，cm。

用 $C_{\max}$ 表示观测孔(x,y)处示踪剂浓度的峰值，引进下列无量纲变数：

$$C_R=C/C_{\max} \quad (8-9)$$

$$t_R=vt/\alpha_L \quad (8-10)$$

$$a=(x^2/\alpha_L^2+y^2/\alpha_L\alpha_T)^{1/2} \quad (8-11)$$

代入式(8-8)，可得观测孔(x,y)处示踪剂的相对浓度为：

$$c_R(a,t_R)=Kt_R^{-1}\exp[-(a^2+t_R^2)/(4t_R)] \quad (8-12)$$

其中：$K=t_{R\cdot\max}\cdot\exp[(a^2+t_{R\cdot\max}^2)/(4t_{R\cdot\max})]$

$t_{R\cdot\max}=(a^2+4)^{1/2}-2$

式(8-12)只依赖于一个无量纲参数 a，因此可根据不同 a 值，在单对数坐标纸上，以 C_R 为纵坐标，t_R 为横坐标(取对数尺度)，绘制出一簇 $C_R-\lg t_R$ 标准曲线(图 8-3)。

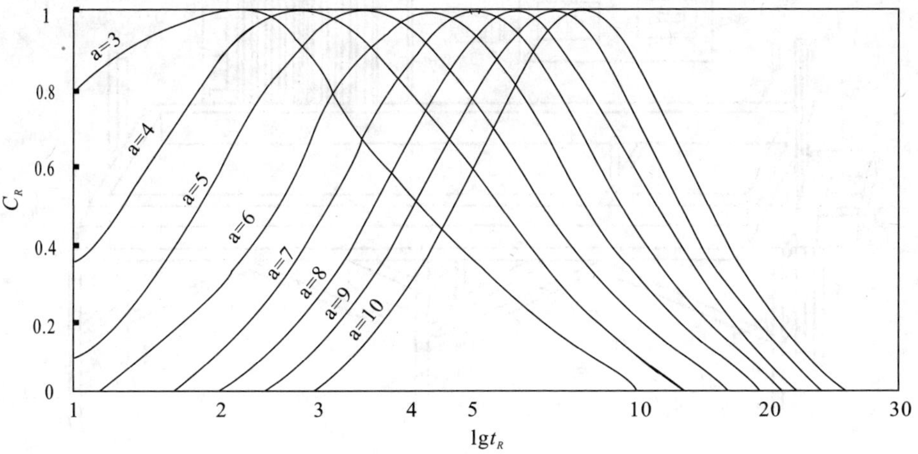

图 8-3　以 a 为参数的相对浓度 $C_R(t_R)$标准曲线

将弥散实验中地下水主流方向上某观测孔$(x,0)$的实测 $C_R-\lg t$ 曲线与标准曲线对比，把拟合最佳的标准曲线所对应的 a 值记下，则由式(8-11)可得：

$$\alpha_L=x/a \quad (8-13)$$

然后再把其他观测孔(x_i,y_i)的实测曲线与标准曲线对比，也可找出相对应的 a 值，记作 a_i，则由式(8-11)可得：

$$\alpha_T=y_i^2/[\alpha_L\cdot(a^2-x_i^2/\alpha_L^2)] \quad (8-14)$$

四、实验仪器和用品

1. 实验装置

由渗流槽、定水头装置、水头测量系统、溶质浓度测量系统、示踪剂投放系统等组成(图 8-

4）。

（1）渗流槽。厚 60cm，长 300cm，宽 90cm 的有机玻璃板制作的渗流槽，内装填试验介质，模拟层状含水层，固定在钢架之上。

（2）定水头装置。渗流槽与上、下游供排水箱之间设有起缓冲作用的稳水装置，以保证流场稳定。

（3）测压系统。底部设有测压孔，渗流槽中按一定间隔布置测压点，与测压管读数板相接，可以直接读出测压点处的水头。

（4）测浓度系统。各电极都插入含水层中间位置 5cm 处，以保证水流能畅通流过；除主流线上每隔 20cm 安装一电极外，其余是每隔 40cm 安装一个；与电导率仪相通，用于测量含水层电极点处土壤水示踪剂浓度。

（5）示踪剂投放系统。瞬时投放时，将示踪剂装入一注射器；由于要求投放井为“完整井”，故在 10cm 砂层厚度内，设有一束出口不同高度的针头。以保证示踪剂能较均匀地分布到整个砂层的厚度上去。

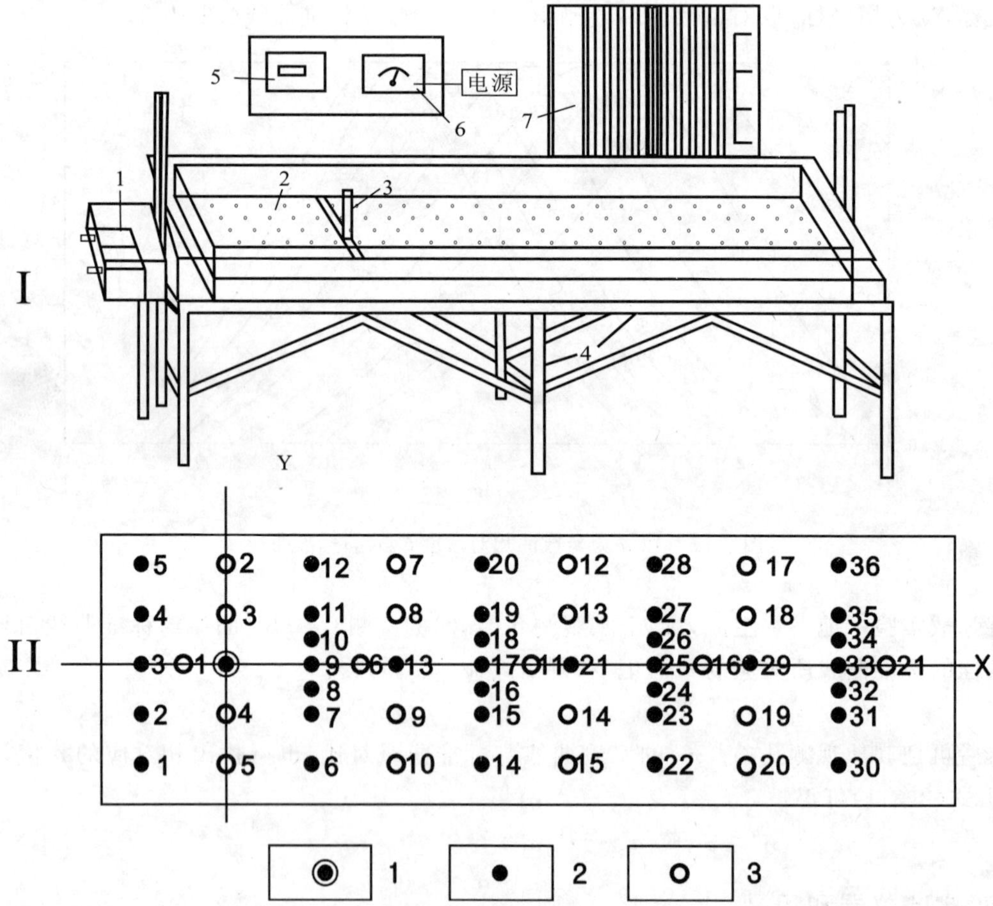

图 8－4　实验装置图

Ⅰ实验装置图：1. 上游水箱；2. 渗流槽；3. 注水孔；4. 渗流槽底架；5. 数字显示器；6. 电导率仪；7. 测压管；Ⅱ电极及测压管分布平面图：1. 注水孔；2. 电极位置及编号；3. 测压管及编号

2. 其他

量筒、秒表、温度计、坐标纸、注射器、示踪剂等。

五、实验步骤

1. 配置示踪剂

先配制 NaC1 示踪剂，再测出示踪剂浓度与电导率之间的关系曲线。

2. 求取渗流参数

调整上、下游水箱水位，形成一维稳定流场。

读取测压管读数、流量等，求算出渗透系数以及水的达西流速。

3. 测定初始电导率

接通电源，并校正仪器。

测定各电极初始电导率及示踪剂、自来水的电导率。并记下电极常数。

6. 投放示踪剂、测定电导率

瞬时投放示踪剂，用有效体积为 50mL 的注射器将示踪剂瞬时挤出；记下投放的初始时间。然后由上至下逐个电极进行观测并记录，直到最后一个电极浓度达到稳定为止。数据记入表 8-4 中。

表 8-4　饱和土壤二维流水动力弥散系数测定实验记录表

电极号________初始浓度________电极常数________室内气温________水温________

开始时间______结束时间________示踪浓度________投放方式________投放量________

时间 t(min)	累计时间 $\sum t$(min)	电导率 $K(S\cdot m^{-1})$	修正电导率 $K'(S\cdot m^{-1})$	浓度 C (g/L)	相对浓度 C/C_{max}	观测点位置 x,y(cm,cm)

实验者：　　　　记录/计算者：　　　　审核者：　　　　实验日期：

六、实验成果整理

1. 绘制 $C_R - \lg t$ 曲线

在单对数坐标纸上绘制出各测孔的 $C_R - \lg t$ 曲线，即为实测曲线。

2. 拟合实测曲线和标准曲线

把各测孔的实测曲线与标准曲线进行比较，确定拟合比较理想的测孔实测曲线用于计算参数。

3. 计算纵向弥散度

(1)确定测孔位置。确定与理论曲线拟合比较理想的实测曲线、且在主流方向上的测孔的位置(x,y)。

(2)确定 a 值。确定拟合的理论曲线所对应的 a 值。

(3)计算纵向弥散度。利用式(8-13)计算纵向弥散度。

4. 计算横向弥散度

(1)确定测孔位置。确定与理论曲线拟合比较理想的实测曲线、且在不主流方向上的测孔的位置(x,y)。

(2)确定 a 值。确定拟合的理论曲线所对应的 a 值。

(3)计算横向弥散度。利用式(8-14)计算横向弥散度。

5. 编写实验报告

编写饱和土壤二维流水动力弥散系数测定实验报告。

七、注意事项

(1)进行一维流二维弥散实验时，观测孔与示踪剂注入孔之间的距离至关重要，它涉及到实验的范围，对试验结果有直接影响。

(2)实验过程中，要多次测量流量、测压水头、温度等。

八、思考题

(1)分析饱和土壤一维流条件下的二维水动力弥散系数测定精度的影响因素。

(2)分析饱和土壤一维流条件下的二维水动力弥散系数的影响因素。

第四节　非饱和土壤一维流水动力弥散系数测定

本实验采用水平土柱吸渗法测定一维水流条件下的非饱和土壤水动力弥散系数。

一、实验目的

(1)增强对非饱和土壤一维水流条件下的水动力弥散的理解。

(2)掌握非饱和土壤一维水流条件下的水动力弥散系数的室内测定方法。

二、实验内容

(1)测定粉土的非饱和弥散系数。

(2)测定粉砂的非饱和弥散系数。

三、实验原理

非饱和土壤一维水平非稳态流条件下，土壤溶质运移的基本方程是：

$$\frac{\partial(\theta C)}{\partial t}=\frac{\partial}{\partial x}\left[D_{sh}(\theta,v)\frac{\partial C}{\partial x}\right]-\frac{\partial(qC)}{\partial x} \tag{8-15}$$

式中：θ——土壤的体积含水率，cm^3/cm^3；

C——土壤的溶质浓度，g/L；

t——实验时间，min；

v——土壤水的平均孔隙流速，cm/min；

q——水流通量，cm/min；

$D_{sh}(\theta,v)$——土壤水动力弥散系数，cm^2/min；

x——水平距离，cm。

一般来讲，$D_{sh}(\theta,v)$是θ、v的函数。由于在非饱和土壤水流中，水的平均孔隙流速v很小，因而对$D_{sh}(\theta)$的影响很小，因此，假设$D_{sh}(\theta,v)$只与θ有关，则方程可写为：

$$\frac{\partial(\theta C)}{\partial t}=\frac{\partial}{\partial x}\left[D_{sh}(\theta)\frac{\partial C}{\partial x}\right]-\frac{\partial(qC)}{\partial x} \tag{8-16}$$

对于初始含水率和初始浓度均为均匀的均质水平土柱而言，其方程定解条件可分为土壤水分运动的定解条件和溶质运移的定解条件。

土壤水分运动的定解条件：

$$\begin{aligned}&\theta=\theta_i, x>0, t=0\\&\theta=\theta_0, x=0, t\geqslant 0\end{aligned} \tag{8-17}$$

式中：θ_i——土壤的初始体积含水率，cm^3/cm^3；

θ_0——土壤的饱和体积含水率，cm^3/cm^3。

土壤溶质运移的定解条件：

$$\begin{aligned}&\theta=\theta_i, C=C_i, x>0, t=0\\&\theta=\theta_0, C=C_0, x=0, t\geqslant 0\end{aligned} \tag{8-18}$$

式中：θ_0——土壤的饱和体积含水率，cm^3/cm^3

θ_i——土壤的初始体积含水率，cm^3/cm^3；

C_i——土壤的溶质初始浓度，g/L。

若不考虑滞后和溶质对水分运动的影响，对水平入渗有：

$$q=-D(\theta)\frac{\partial\theta}{\partial x} \tag{8-19}$$

式中：q——水流通量，$cm^3/min\cdot cm^2$；

$D(\theta)$——土壤的水分扩散度，cm^2/min。

由连续方程：

$$\frac{\partial \theta}{\partial t} = -\frac{\partial q}{\partial x} \tag{8-20}$$

利用微分法则，将式(8－16)展开

$$\theta \frac{\partial C}{\partial t} + C \frac{\partial \theta}{\partial t} = \frac{\partial}{\partial x}\left[D_{sh}(\theta) \frac{\partial C}{\partial x} \right] - q \frac{\partial C}{\partial x} - C \frac{\partial q}{\partial x} \tag{8-21}$$

将式(8－19)、(8－20)代入并化简得：

$$\theta \frac{\partial C}{\partial t} = \frac{\partial}{\partial x}\left[D_{sh}(\theta) \frac{\partial C}{\partial x} \right] + D(\theta) \frac{\partial \theta}{\partial x} \frac{\partial C}{\partial x} \tag{8-22}$$

令 Boltzmann 变换系数 $\lambda = xt^{-1/2}$，利用 Boltzmann 变换可解出土壤的水动力弥散系数 $D_{sh}(\theta)$ 的计算公式为：

$$D_{sh}(\theta) = -\frac{1}{2} \frac{d\lambda}{dC} \int_{C_i}^{C} g(\theta) dC \tag{8-23}$$

式中：$g(\theta) = \theta\lambda - \int_{\theta_i}^{\theta} \lambda d\theta$ (8－24)

为了计算方便，令无因次的浓度比值 $\bar{C}$ 为：

$$\bar{C} = \frac{C - C_i}{C_0 - C_i} \tag{8-25}$$

代入式(8－23)得：

$$D_{sh}(\theta) = -\frac{1}{2} \frac{d\lambda}{d\bar{C}} \int_{\bar{C}_i}^{\bar{C}} g(\theta) d\bar{C} \tag{8-26}$$

这样，进行半无限土柱的溶质水平入渗实验，在实验终结测出土柱的含水率分布和溶质含量分布，据 $\lambda = xt^{-1/2}$ 和 $\bar{C} = \frac{C - C_i}{C_0 - C_i}$，绘出 θ-λ 以及 $\bar{C}$-λ 关系曲线，利用式(8－24、8－26)就可计算出 $D_{sh}(\theta)$。

四、实验仪器和用品

1. 实验装置

主要由土柱、供水装置、水分测量系统和浓度测量系统四个部分组成(图 8－5)。

(1)土柱：为了消除重力势的影响土桶水平放置且口径不宜过大，采用长度为 120cm，内径 46mm，外径 55mm 的有机玻璃柱制作，分为水室、滤层段和试样段三个部分：水室段，长 10cm，在圆形断面的圆心处用橡胶软管和马氏瓶的出水口相连；滤层段，长 10cm，内填石英砂缓冲水流，使水流保持层流状态；试样段，长 100cm，管的上方每间隔 5cm 分布一个直径1.5cm 的取土孔。

(2)供水装置：采用马氏瓶，马氏瓶进气管下端、马氏瓶出水口以及土柱水室的进水口保持水平，以消除重力势和压力势对土壤水动力弥散的影响。

(3)水分测量系统：TDR100 时域反射计、土壤水分传感器、数据采集器以及相应的供电、通讯等模块，水分测量范围：0～100%(m^3/m^3)，准确度：±2%，分辨率：0.1%。用于测量传感器点处土壤含水率。

(4)浓度测量系统：电导电极、电导率仪，用于测量电极点处土壤溶液浓度。

2. 其他

天平、烘箱等。

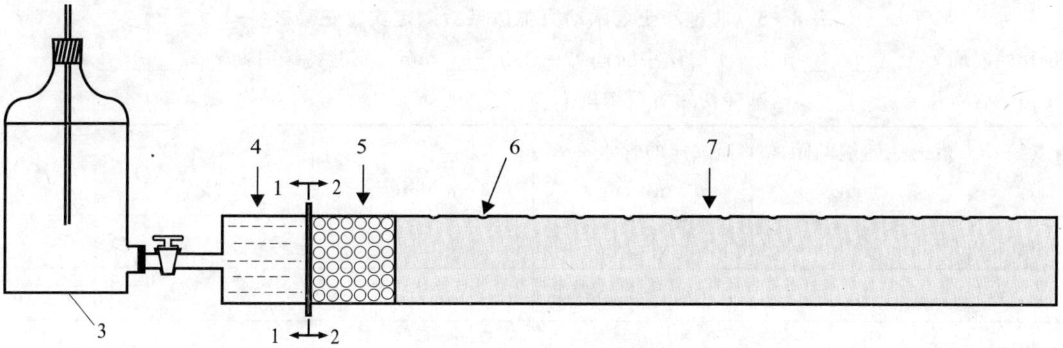

图 8-5　非饱和水动力弥散实验装置

1、2. 有孔隔板；3. 马氏瓶；4. 水室段；5. 滤层段；6. 取土孔；7. 试样段

五、实验步骤

1. 装填试样

试样经过风干、磨细和过筛(孔径 2mm)，保证土柱初始含水率和质地均一。试样分层填装夯实，每层厚度 3cm 左右，为保持各层接触紧密层间做抓毛处理。

2. 安装水平土柱

试样填装完毕后，塞入过滤海绵或填装石英砂作为缓冲段，将水室与缓冲段用螺丝连接并在接口处涂抹凡士林保证不漏水。

3. 安装测量系统

装土的同时在土柱两边对应埋设电导电极及水分传感器，注意将它们与土壤充分接触，否则会影响测量精度。然后，把电导电极及水分传感器连接到各自的测量系统上。

4. 安装供水装置

为了实现无压供水，供水装置采用马氏瓶，安装马氏瓶时须将马氏瓶进气管下端、马氏瓶出水口以及土柱的中心(即水室进水口)水平，以保证试验为零水头供水。

5. 向水室供水

将马氏瓶出水口与水室进水口用橡胶软管相连接，将土柱水室端朝下倾斜，使水室低于马氏瓶出水口，向水室供水。当水室充满水，缓冲段部分饱水时将土柱迅速水平放置(保持土柱中心与马氏瓶出水口水平)，同时启动秒表记录试验开始的时间 t_0。数据记入表 8-5 中。

6. 观测、记录实验数据

记录实验开始时间，实验中每隔 5 分钟读取记录土柱中湿润锋前进的值。待水平土柱中的湿润锋到达整个土柱的 2/3 时，停止供水，记录结束时间 t_n，并迅速读取沿程各测点的含水率和电导值。数据记入表 8-5 中。

六、实验成果整理

1. 绘制 $\theta-\lambda$，$\overline{C}-\lambda$ 关系曲线图

根据所测得的实验数据(初始含水率 θ_0、初始溶液浓度 C_0、试验土柱不同截面位置处的体积含水率 θ_n 以及溶质浓度 C_n)，绘出 $\theta-\lambda$，$\overline{C}-\lambda$ 关系曲线图，并将曲线尽可能修正光滑。

表 8－5　非饱和土壤水动力弥散系数测定实验记录表(一)

实验开始时间 t_0＝________ min　实验结束时间 t_n＝________ min　实验持续时间 t＝________ min

试样初始含水率 θ_0 ________　试样初始溶液浓度 C_0 ________ g/L

测点编号 x_i	距土柱始端的距离 x(cm)	试样的含水率 θ(cm^3/cm^3)	$\lambda = xt^{-1/2}$ ($cm/min^{1/2}$)	沿程浓度 C (g/L)	$\overline{C}$
x_1	5				
x_2	15				
x_3	25				
x_4	35				
x_5	45				
x_6	55				
x_7	65				
x_8	75				
x_9	85				
x_{10}	95				

实验者：　　记录/计算者：　　审核者：　　实验日期：

2. 计算 $D_{sh}(\theta)$ 值

在 $\theta-\lambda$ 曲线图上，沿体积含水率纵坐标轴等间距地取点，查出相应 λ 的 θ 值，在 $\overline{C}-\lambda$ 曲线上查出相应 λ 的值 $\overline{C}$，然后列表分别计算 $\Delta\theta$、$\Delta\overline{C}$、$\overline{\Delta\lambda}$、$\overline{g(\theta)}$ 等值，根据式(8－26)得出所求的值。

3. 绘制 $D_{sh}(\theta)-\theta$ 关系图

由所得到的 $D_{sh}-\theta$ 关系，拟合出 $D_{sh}(\theta)$ 的趋势线，并显示公式。

4. 编写实验报告

编写非饱和土壤一维流水动力弥散系数测定实验报告。

七、注意事项

(1)装土时，试样的干密度的选取必须符合实际，并且在装土时保证层与层之间的良好接触，否则会在入渗时出现分层现象，会影响最终的实验结果。

(2)安装马氏瓶时，一定注意使马氏瓶的进气口与土柱的上端相平齐，使它形成零水头。

(3)安装土柱时，一定要在土柱与水室的螺丝处涂抹凡士林，保证整个土柱不漏水。

(4)实验开始供水时，利用其他供水装置向水室提供定量的水量，以保证马氏瓶中的水量全部用来进行土柱的水平入渗，否则试验过程中马氏瓶中的水量不够用，最终会造成试验结果的偏差。

(5)实验结束后，应迅速的从湿润锋附近开始向水室处通过取土孔取土测量含水率，并且取土速度要快，否则取土时间长，土样各点含水率会发生变化，从而导致实验结果的不准确。

八、思考题

(1)根据实验数据及其成果,分析 $D(\theta)$ 和 $D_{sh}(\theta)$ 二者的关系。

(2)设计不同浓度条件的实验,根据实验成果,分析影响非饱和土壤水动力弥散系数的影响因素。

实验九　包气带土壤吸附参数测定

吸附是土壤中固相、液相之间的物理化学作用的外在表现，它参与了溶质在土壤中的运移过程，对溶质运移起阻滞作用。在求解土壤溶质运移方程时，如果溶质会被土壤吸附，则必须通过实验确定阻滞因子 R_d 以及溶质在土壤-水体系中的分配系数 K_d。

溶质运移的阻滞因子 R_d，即水流流速与溶质运移速度的比值，无量纲，表征土壤阻滞溶质迁移能力的参数。溶质在土壤-水体系中的分配系数 K_d，又称吸附比，是指在土壤-水两相体系中达到平衡状态时，溶质在土壤与水中的浓度比值，常用单位为 cm^3/g，是描述溶质在土壤中吸附行为的重要物理化学特征参数。

利用土柱动态吸附法测定溶质的阻滞因子 R_d 和分配系数 K_d，其结果比平衡吸附实验更符合实际情况，是目前的主要测定方法。

一、实验目的

(1)掌握利用土柱动态吸附法测定土壤吸附参数。

(2)通过开展土壤吸附实验，进一步理解土壤的吸附性能。

二、实验内容

(1)测定黏土的吸附参数。

(2)测定粉质黏土的吸附参数。

(3)测定粉土的吸附参数。

三、实验原理

当溶质的运移速度低于土壤中水分的运动速度时，溶质运移是受阻滞的。土壤中水分的运动速度与溶质的运移速度之间的差是由土壤吸附溶质所引起的，通常用阻滞因子 R_d 来评估受阻滞的溶质的运移速度：

$$R_d = \frac{v_w}{v_c} \tag{9-1}$$

式中：R_d——土壤中溶质运移的阻滞因子；

v_w——土壤中水分的平均孔隙流速，cm/min；

v_c——土壤溶质的平均运移速度，cm/min。

通过测定 v_w 和 v_c，即可求算出 R_d。然后，利用式(9-2)可计算出分配系数 K_d：

$$R_d = 1 + \frac{\rho_d}{\theta} K_d \tag{9-2}$$

式中：R_d——阻滞因子；

ρ_d——土壤的干密度，g/cm³；

θ——土壤的体积含水率，cm³/cm³；

K_d——溶质在土壤-水体系中的分配系数，cm³/g。

四、实验仪器和用品

1. 实验装置

主要由土柱、供水装置等组成(图 9－1)。

(1)土柱：有机玻璃柱制成，高 1.2m，内径 20cm，侧壁每 10cm 预留取样孔。

(2)供水装置：马氏瓶两个，一个用于稳定水头供水；另一个用于稳定水头供液，体积能容纳实验全过程所消耗的溶液水。

(3)其他：控流阀、流量计、取样器和连接软管等。

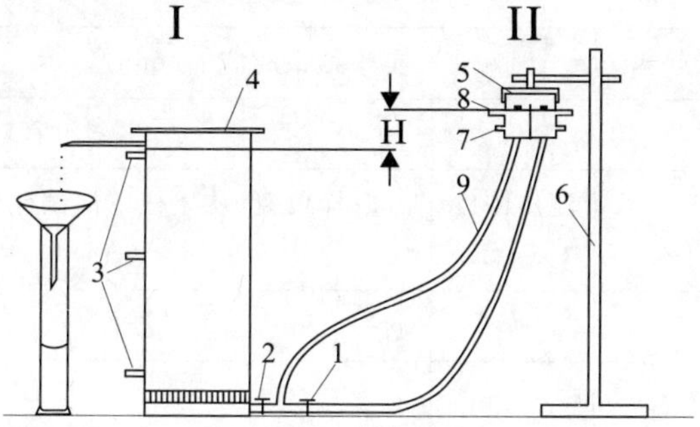

图 9－1　吸附参数测定装置

Ⅰ. 土柱；Ⅱ. 供给示踪剂(P)或水(B)的装置

1. 混合供给水或者溶液的开关；2. 过滤器；3. 取样管；4. 盖子；5. 保持定水头的装置；6. 支架；7. 供水或溶液的管；8. 推除多余溶液的管；9. 皮管

2. 其他

离子计，电子天平，振荡仪，烘箱，铝盒，环刀，2mm 筛，拌土容器，示踪剂(溶质标准工作液)等。

五、实验步骤

1. 采集试样

采集实验所需试样，备用；同时，利用环刀取原装试样，利用烘干-称重法测定其干密度 ρ'_d。数据记入表 9－1 中。

2. 制备试样

把试样风干、捣碎及过筛(孔径为 2mm 孔径)，备用。

3. 湿润试样

在拌土容器中铺一层过筛风干后的试样，用喷壶均匀洒水；然后，再铺一层试样，再洒一层水，以此方法将试样全部湿润，之后加盖闷一夜，外层再套一塑料袋防止蒸发并使水分在试样中重分布。

4. 测试样初始质量含水率

将湿润好的试样充分混匀，在不同的位置取少量土样装入已知质量的小铝盒中，做 5 个平行。用天平称重后放入烘箱中 105℃烘干 12h 至恒重，待冷却后称质量，计算质量含水率 θ_m。数据记入表 9－1 中。

表 9－1　吸附参数测定实验记录表

土柱内试样长度 L(cm)	100	实验前原状土干密度 ρ'_d(g/cm³)	
土柱内径 D(cm)	20	试样初始质量含水率 θ_m(g/g)	
土柱断面 A(cm³)		实验后土柱内试样干密度 ρ_d(g/cm³)	
实验时流量 Q(cm³/min)		实验后土柱内试样孔隙度 n(cm³/cm³)	
实验时土柱内达西流速 V(cm/min)		实验时土柱内试样含水率 θ(cm³/cm³)	
实验时流入的溶质浓度 $C_{入}$(g/L)		实验结束时间 t_n(min)	
流出口取样		沿程取样	
流出时间 t_i(min)	流出浓度 C_i(g/L)	取样位置(从土柱下部试样底面向上) x_i(cm)	沿程浓度 C_i(g/L)
$t_0=$	$C_0=$	$x_1=5$	$C_1=$
$t_1=$	$C_1=$	$x_2=15$	$C_2=$
$t_2=$	$C_2=$	$x_3=25$	$C_3=$
$t_3=$	$C_3=$	$x_4=35$	$C_4=$
⋮	⋮	$x_5=45$	$C_5=$
		$x_6=55$	$C_6=$
		$x_7=65$	$C_7=$
		$x_8=75$	$C_8=$
		$x_9=85$	$C_9=$
$t_n=$	$C_n=$	$x_{10}=95$	$C_{10}=$

实验者：　　　　记录/计算者：　　　　校核者：　　　　实验日期：

5. 装填土柱

土柱最下段 10cm 为石英砂滤层，其上下各有一层滤网；中段为试样段 100cm，根据试样的直径 D、长度 L 以及干密度 ρ'_d、初始含水率 θ_m，按公式 $m_{装填}=[(\pi R^2)/4]\cdot\rho'_d\cdot(1+\theta_m)$ 计算出装填质量，分段(每层 5cm)等质量装填土柱，层间打毛，防止层间流失的形成；上段 10cm 为石英砂滤层，其下有一层滤网。滤层在淋溶实验时起到缓冲和均匀布水的作用。

6. 饱和土柱

将马氏瓶和土柱下端连接，用蒸馏水自下而上逐步饱和土柱，以排除土柱内的空气，使土柱孔隙充分饱水。

7. 淋溶实验

饱和待土柱恒重后，定水头供水，待蒸馏水流速稳定后，切换补给开关，同定水头输入现配的溶质标准工作液[浓度为 $C_入$(g/L)]，同时开始收集出流液，输入溶质标准工作液一段时间(输入时间依据溶质类型、试样物性、渗流速度等决定)以后，继续定水头供水，用蒸馏水淋溶。记录供水流量 Q。计算数据记入表 9-1 中。

8. 采集水样

根据不同的溶质和试样类型，选择取样方式。

(1)对于吸附作用小的污染物，如六价铬，可在柱流出口定时 t_i(i=0,1,2,3…)取样，以测定其浓度 C_i(i=0,1,2,3…)、绘制其穿透曲线。

(2)对于吸附作用适中的污染物，一般很难得到穿透曲线，可用真空取样装置在沿程各取样口抽取水样，静置一段时间后取清液分析，得到溶质浓度沿程分布曲线；假如用真空取样法不能得到沿程水样(如对黏土)，则可在实验结束时从沿程各取样口处取湿土，用高速离心的方法使土水分离，分析水样中的溶质浓度 C_i(i=0,1,2,3…)，同样可以得到溶质浓度沿程分布曲线。

(3)对于吸附作用十分强烈的溶质，如重金属离子(Cd^{2+}、Pb^{2+}、Hg^{2+}等)，它们的迁移速度极慢，大部分被吸附在土柱表层，无法在沿程取水样测定溶质浓度沿程分布曲线，只能在实验结束后自上而下分层取样，通过测定试样土壤的吸附量确定它们在土柱中的纵向分布情况。

9. 测定试样的干密度和孔隙度

取样结束后，记录实验结束时间 t_n；然后，在土柱内，利用环刀取原状试样，利用烘干称重法测定其干密度 ρ_d 和孔隙度 n。计算数据记入表 9-1 中。

10. 测定水样

利用离子计测定水样中溶质的浓度 C_i。需要预处理的水样或土样，预处理后再进行测定。数据记入表 9-1 中。

六、实验成果整理

1. 计算土柱内水分的平均孔隙流速

利用式(9-3)计算

$$v_w = \frac{V}{n} \tag{9-3}$$

式中：v_w——土柱内水分的平均孔隙流速，cm/min；

V——土柱内的平均达西流速，cm/min；

n——土柱内试样的孔隙度。

2. 计算土柱内溶质的平均运移速度

1)根据穿透曲线计算

(1)以相对浓度 $C_i/C_入$ 为纵坐标(C_i为渗出水中溶质浓度，$C_入$为渗入水中溶质浓度)，穿透时间 t 为横坐标，绘制溶质浓度穿透曲线图。

(2)在浓度穿透曲线图上读出 $C/C_入$=0.5 时的 $t_{0.5}$ 值，即为溶质穿透土柱内试样的时间。

(3)利用式(9-4)计算溶质的平均运移速度。

$$v_c = L/t_{0.5} \tag{9-4}$$

式中：v_c——土壤中溶质的平均运移速度，cm/min；

L——土柱中试样长度，cm；

$t_{0.5}$——与相对浓度 $C/C_入=0.5$ 相对应的时间，min。

2)根据溶质浓度沿程曲线计算

(1)以剖面各测点相对溶质浓度 $C_i/C_入$ 为纵坐标，沿程 x 为横坐标，绘制溶质浓度沿程曲线。

(2)在溶质浓度沿程曲线图上读出 $C/C_入=0.5$ 时的 $x_{0.5}$ 值。

(3)利用式(9-5)计算溶质的平均运移速度

$$v_c = x_{0.5}/t_n \tag{9-5}$$

式中：v_c——土柱中溶质的平均运移速度，cm/min；

$x_{0.5}$——从试样底面至与 $C/C_0=0.5$ 相对应位置的距离，cm；

t_n——从开始加溶质至实验结束时所经历的时间，min。

3.计算阻滞因子

把 v_w、v_c 代入式(9-1)，即可计算出阻滞因子 R_d。

4.计算分配系数

把 R_d、ρ_d、θ(试样饱水时，其含水率等于其孔隙度 n) 代入式(9-2)，即可求算出溶质在土壤-水体系中的分配系数 K_d。

5.编写实验报告

编写土壤吸附参数测定实验报告。

七、注意事项

(1)土壤吸附实验一般进行的时间比较长，操作者需要按时规范操作。

(2)同一批次实验，实验条件(试样、实验用水、实验温度、溶质标准工作液等)要相同。

八、思考题

(1)分析土壤吸附溶质的影响因素。

(2)分析、总结土壤吸附参数测定的影响因素。

第四部分

包气带土壤渗流特征物理模拟

实验十 包气带土壤毛细上升实验

分布在土壤中微细的、相互贯通的孔隙，可以看成是许多形状不一、直径各异、彼此连通的毛细管。毛细水赋存在水面以上毛细管中，是土壤固体颗粒和水分子之间的引力以及水分子之间表面压力共同作用的结果。

由于毛细力的作用，水从潜水面沿着小孔隙上升到一定高度，在潜水面以上形成毛细水带，此带的毛细水下部有水面支持，故称支持毛细水。土壤的毛细水上升高度是水在土壤孔隙中因毛细作用而上升的最大高度，常用单位为cm。

土壤的毛细水上升高度测定方法，有直接观测法和卡明斯基仪法：前者适用于粗粒土壤—粗砂、中砂和细砂，后者则适用于细粒土壤—粉砂、粉土和黏土。

第一节 毛细上升实验（直接观测法）

一、实验目的

通过观察粗粒土毛细水上升过程、测定土壤中毛细水上升高度和速度，进一步理解土壤中毛细现象产生的物理机制。

二、实验内容

（1）观测粗砂中毛细水上升高度和速度。

（2）观测中砂中毛细水上升高度和速度。

（3）观测细砂中毛细水上升高度和速度。

（4）观测粉砂中毛细水上升高度和速度。

三、实验原理

将土壤装入有刻度的玻璃管中，管的底部缚有滤网，并放置于盛水槽中，直接观测玻璃管土壤中毛细水的上升高度及其相应的时间；然后，绘制毛细水上升高度与时间的关系曲线，即可得到土壤中毛细水上升高度及其毛细上升速度的变化特征。

四、实验仪器和用品

1. 实验装置

如图 10－1：卡明斯基毛细仪，厚壁透明玻璃管，内径 2～3cm，长 80～100cm，上有精确到 0.2cm 的刻度，零点在下端，管的下端用纱布或金属网缚住；透水石；支架；供排水装置等。

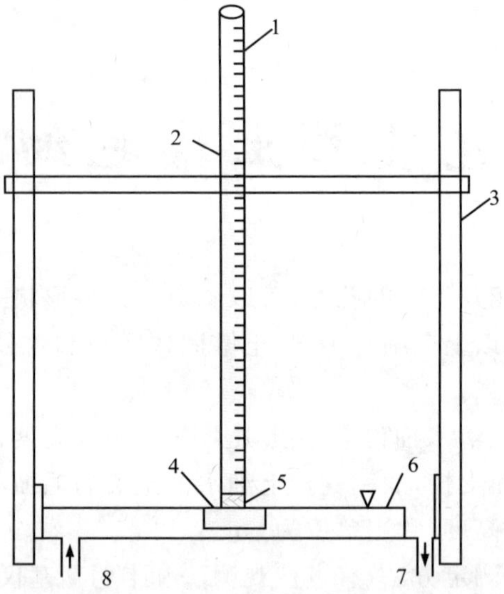

图 10－1　毛细上升直接观测法测定装置

1. 刻度透明玻璃管；2. 砂样；3. 支架；4 透水石；5. 铁丝网；6. 水槽；7. 溢水管；8. 进水管

2. 其他

捣棒，1 根；漏斗，1 个；秒表，1 个。

五、实验步骤

1. 装填试样

将预测试样经漏斗装入玻璃管，每装入 2～3cm 高度的试样以捣棒轻轻捣之，以使得装入玻璃管内的试样均匀密实。

2. 测定毛细上升高度

将装有试样的玻璃管固定在支架上管的底部插入水槽中透水石上，使玻璃管的下端紧贴水面，同时启动秒表计时：累计 1、2、3、4、5、10、20、30、60、…min 时，分别观察玻璃管中试样颜色的深浅，记录各时刻毛细水上升高度值 h（高度从槽中水面算起），直到上升稳定为止。数据记入表 10－1 中。

表 10-1　毛细上升实验(直接观测法)记录表(cm)

试样	累计时间(min)											
	1	2	3	4	5	10	20	30	60	…	…	…
粗砂												
中砂												
细砂												
粉砂												

实验者：　　记录/计算者：　　校核者：　　实验日期：

六、实验成果整理

1. 分析毛细水上升速度变化特征

在半对数纸上，以毛细上升高度为纵坐标，以时间 t 为横坐标，绘制毛细水上升高度 h 与时间 t 的关系曲线。

基于 $h-t$ 关系曲线，分析毛细上升速度变化特征。

2. 对比不同试样毛细上升速度和高度

基于 $h-t$ 关系曲线，对比不同试样的毛细上升速度和高度，分析毛细上升速度和高度的影响因素。

3. 编写实验报告

编写包气带土壤毛细上升(直接观测法)实验报告。

七、注意事项

(1)实验初期，由于毛细上升速度快，观测毛细上升高度与秒表计时，操作者要密切配合且迅速准确地计时和读数。

(2)同一批次实验，实验用水的温度和矿化度要保持不变。

八、思考题

(1)测定试样毛细上升高度时，为什么要始终保持槽内水面不变？

(2)分析不同试样毛细水上升高度和速度不同的原因。

(3)查阅相关资料，设计并开展不同条件的毛细水上升实验，总结土壤毛细水上升高度/速度的影响因素。

第二节　毛细上升实验(卡明斯基法)

一、实验目的

(1)掌握利用卡明斯基毛细仪测定毛细力的方法。

(2)通过观测细粒土壤的毛细水上升高度,进一步深刻理解土壤中毛细现象产生的物理机制。

二、实验内容

(1)观测粉砂的毛细水上升高度。

(2)观测粉土的毛细水上升高度。

(3)观测粉质黏土的毛细水上升高度。

(4)观测黏土的毛细水上升高度。

三、实验原理

卡明斯基毛细仪是根据土中毛细现象发生时,弯液面力能产生一定的负压力,使水中的静水压力小于外界大气压力,其压差所支持的毛细水柱高度,即为被动的毛细力支持的下降水柱高度。利用连通管测定毛细水上升高度的负压水柱等于支持下降水柱高度的等压面原理测得。

四、实验仪器与用品

1. 实验装置

卡明斯基仪:玻璃筒,直径为 4～6cm,高约 12cm,底部装有带孔橡皮塞;排气管:安有橡皮管和止水管夹;测压管:直径约 1cm,长度约 2m;标尺:刻度准确至 1cm,零刻度与试样底部齐平(图 10－2)。

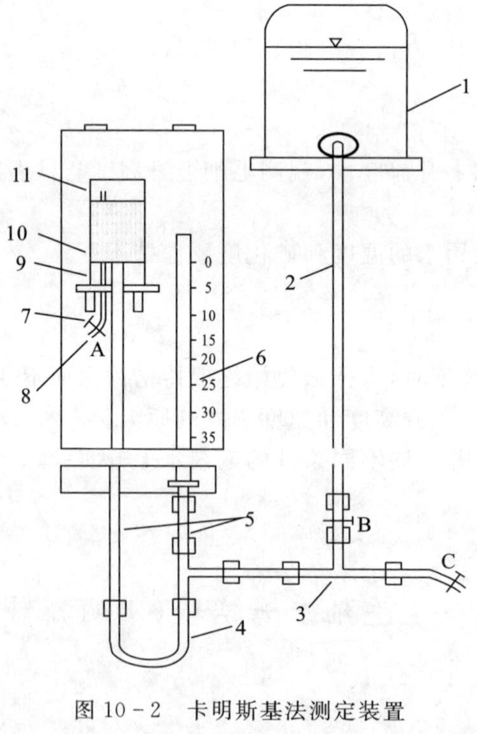

图 10－2　卡明斯基法测定装置

1. 供水瓶;2. 细玻璃管;3. 三通接头;4. 橡皮管;5. 调压管;6. 直尺;7. 止水夹;8. 排气管;9. 橡皮塞;10. 筛布;11. 玻璃管

2. 其他

捣棒，1个；供水装置等。

五、实验步骤

1. 装填试样

在玻璃筒中，装入均质试样，用捣棒击实，装到10cm高处。

2. 饱水

打开调水夹B使水缓慢从供水瓶通过三道管从玻璃长管3和4自下而上引入。

打开止水夹A加速水的上升，并起排气作用，当自下而上的水将全部空气挤出，使水通过细管流出时，关住止水夹A，水逐渐使试样饱和。

当玻璃筒上部试样上出现一薄层水后(0.5～1cm)，关闭调节夹B使水停止流入管内。这时水会继续被吸入试样中，并可看出邻侧管4中水面逐渐下降。

3. 释水

打开调水夹C保持水缓慢以滴水状排出，以每分钟从管4中水面下降2～5cm为宜。此时，水逐渐由毛细仪各个管中流出，细管4中水面下降，圆筒中毛细水也开始自试样中流出，当水面到达支持试样底部下的某一位置时，管3有小气泡出现，但有橡皮塞挡住，看不见。此时，管4水位停止下降(记下读数)，或就在这一瞬间，在管4中水位能见到跳跃式很小的上升，记下开始上升的转折点至试样底面0刻度的垂直距离，即所求上升高度。数据记入表10-2中。

当管4中(测压管)水位跳跃式上升后，再缓慢下降，随着管3中见小气泡，直至水全部排完，关闭调水夹C，实验结束。

4. 平行测定

平行测定三次，其算出平均值作为试样的毛细水上升高度。如果三次实验相差较大，必须重复实验。

表10-2　毛细上升实验(卡明斯基法)记录表

试样编号								备注
粒径(mm)								
第一次	毛细水上升高度(cm)							
	毛细水上升所需时间(min)							
第二次	毛细水上升高度(cm)							
	毛细水上升所需时间(min)							
第三次	毛细水上升高度(cm)							
	毛细水上升所需时间(min)							
第四次	毛细水上升高度(cm)							
	毛细水上升所需时间(min)							

实验者：　　　　　记录者：　　　　　审核者：　　　　　实验日期：

六、实验成果整理

1. 对比不同试样毛细水上升高度

对比不同试样的毛细水上升高度，分析土壤中毛细水上升高度的影响因素。

2. 编写实验报告

编写土壤毛细中水上升(卡明斯基法)实验报告。

七、注意事项

(1)水位下降速度开始可控制在 2～5cm/min，最后可减至 1～2cm/min。

(2)由于测压管 4 中下降后停止(或开始上升的转折点)时间比较短，因此操作者读数、计时要及时迅速。

八、思考题

(1)用卡明斯基毛细仪测定毛细水上升高度时，为什么取当测压管水面下降停止，然后突然回弹上升时刻的高度为最大毛细水上升高度 H_k。

(2)试样瓶及测压管的直径大小对测定结果有否影响？

实验十一　包气带土壤释水实验

土壤的释水性表征的是若使地下水面下降，则下降范围内饱水土壤及其支持的毛细水在重力作用下向下移动并部分从原先赋存的孔隙中排出的性能。在数量上以给水度(μ)衡量。当地下水位下降一个单位高度时，从地下水面延伸到地表面的单位水平面积土壤柱体，在重力作用下释放出来的水体积，称为给水度。

土壤的持水性表征的是地下水下降时，饱水土壤及其支持毛细水在重力作用下释水时，由于分子力和表面张力的作用，能在其孔隙中保持一定水量的性能。表征土壤持水能力的参数是持水度(S_r)。地下水位下降一个单位深度，单位水平面积土壤柱体中反抗重力而保持于土壤孔隙中的水量，称作持水度(S_r)，在数值上它等于土壤容水度(n)减去其给水度(μ)。

本实验采用垂直土柱开展土壤释水实验。

一、实验目的

(1)掌握土壤给水度、持水度的室内测定方法。

(2)通过开展土壤释水实验，进一步理解土壤给水性、持水性的物理意义及其影响因素。

二、实验内容

(1)测定中砂的给水度和持水度。

(2)测定细砂的给水度和持水度

(3)测定粉砂的给水度和持水度。

(4)测定粉土的给水度和持水度。

三、实验原理

对于粗颗粒的砾石和砂、粉土，释水实验采用土柱饱水-排水法来实施：首先，把土壤分层等质量装入土柱，记录装入土壤的体积(即土柱容积)V；然后，向装满土壤的土柱充水，待土柱内土壤表面出现水膜时立即停止供水，记录供水体积 $V_{进水}$；充分饱水后，从土柱底部开始释水，排尽土柱中的自由重力水，采用量筒测量并记录所排出的水体积 $V_{排水}$。那么，土壤的给水度、持水度由式(11-1、11-2)计算：

$$\mu = V_{排水}/V \tag{11-1}$$

$$S_r = (V_{进水} - V_{排水})/V = n - \mu \tag{11-2}$$

式中：μ——土壤的给水度，cm^3/cm^3；

$V_{排水}$——实验中排水体积，cm^3；

V——土壤的体积(即土柱容积)，cm^3；

S_r——土壤的持水度，cm^3/cm^3；

$V_{进水}$——实验中进水体积，cm^3；

n——土壤的孔隙度（容水度），cm^3/cm^3；

四、实验仪器和用品

1. 实验装置

主要由土柱和供排水装置两部分组成（图 11－1）。

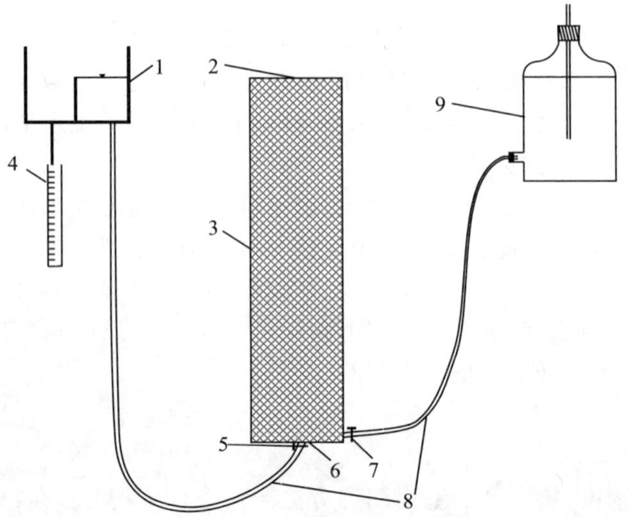

图 11－1　土壤释水实验装置

1. 溢水装置；2. 土柱；3. 土样；4. 量筒；5. 排水开关；6. 滤网；7. 供水开关；8. 连通管；9. 马氏瓶

（1）土柱：有机玻璃柱制作，内径 $D=20cm$，柱高 $H=200cm$，则土柱的容积 $V=\pi D^2 H/4=62\ 832cm^3$，是释水实验的基本装置。

（2）供水装置，主要由马氏瓶、连通管、滤网及其供水开关组成：①马氏瓶，主要用来为土柱充水，并能计量水的体积；②滤网，主要是为了防止土样遭受机械侵蚀，因此滤网孔径比土样的颗粒直径小。

（3）排水装置，主要有溢水装置、连通管、滤网、量筒及排水开关等组成：①溢水装置，主要用来控制排水位高程；②量筒用来测量排水体积。

2. 其他

秒表，量筒（100mL、1 500mL 各一个），直尺，烘箱，铝盒，计算器，装填土工具等。

五、实验步骤

1. 装填试样

为了克服装样过程中的不均匀性，采用等容重分次薄装、勤捣实的方法装样，每次装样厚度为 10cm，直至试样柱顶面，则试样体积（包括其中的孔隙）为土柱的容积 V。数据记入表 11－1 中。

表 11-1　释水实验记录表

试样长度 L：____ cm^2　试样体积 V：____ cm^3　充水体积 $V_{进水}$：____ cm^3　试样的容水度(孔隙度)n：____

ΔS (cm)	$\sum\Delta S$ (cm)	ΔQ (cm^3)	$\sum\Delta Q$ (cm^3)	μ	μ'	ΔS (cm)	$\sum\Delta S$ (cm)	ΔQ (cm^3)	$\sum\Delta Q$ (cm^3)	μ	μ'
5	5					5	105				
5	10					5	110				
5	15					5	115				
5	20					5	120				
5	25					5	125				
5	30					5	130				
5	35					5	135				
5	40					5	140				
5	45					5	145				
5	50					5	150				
5	55					5	155				
5	60					5	160				
5	65					5	165				
5	70					5	170				
5	75					5	175				
5	80					5	180				
5	85					5	185				
5	90					5	190				
5	95					5	195				
5	100					5	200				

实验者：　　　　记录/计算者：　　　　校核者：　　　　实验日期：

2. 充水

充水前，调整马氏瓶的高度，使其水位与土柱顶部齐平；关闭排水开关，打开进水开关，利用可计量的马氏瓶从土柱底部为其充水，直至土柱完全饱水，关闭进水开关，记录充水体积（即试样容水体积）$V_{进水}$，则试样的容水度（孔隙度）$n=V_{进水}/V$。数据记入表 11-1 中。

3. 释水

在土柱顶部安装防蒸发盖，在排水口安装三通溢水装置，调整溢水装置中的水位高度，并使之与土柱顶部齐平；然后开启排水开关，逐次下降溢水高程，每次下降的距离 $\Delta S=5\text{cm}$，使土柱自然排水，在每次下降的高程上保持 3～6h，使土柱达到该高程水位条件下充分释水；利用量筒量取每次降深 ΔS 时的排水量 ΔQ。数据记入表 11-1 中。

六、实验成果整理

1. 计算给水度

利用式（11-3）、式（11-4）计算土柱试样给水度：

$$\Delta S\text{ 区段的给水度 } \mu=\Delta Q/(V\Delta S/H) \tag{11-3}$$

$$\sum\Delta S\text{ 区段的给水度 } \mu'=\sum\Delta Q/(V\sum\Delta S/H) \tag{11-4}$$

绘制 $\sum\Delta S-\mu(\mu')$ 关系曲线，分析给水度的变化特征。

2. 确定毛细水上升高度

绘制含水率-埋深曲线，确定毛细水最大上升高度 $h_{最大}$ 和毛细水饱和上升高度 $h_{最小}$。

3. 确定最大给水度

当 $\sum\Delta S\geqslant h_{最大}$ 时，ΔS 区段的给水度 μ 即为最大给水度 $\mu_{最大}$；也可 $\sum\Delta S-\mu$ 关系曲线确定最大给水度。

4. 确定持水度

把 $\mu_{最大}$ 代入式（11-2），即可计算出 S_r。

5. 编写实验报告

编写土壤释水实验报告。

七、注意事项

（1）实验充水时，要缓慢匀速充水，以尽可能地使得试样充水过程中排尽气泡。

（2）每次释水，释放水的体积在连续 3 次测量中相对误差不大于 5%，方可进行下一降深的释水。

八、思考题

（1）土壤中因反抗重力赋存的水的形式？

（2）分析土壤给水度、持水性的影响因素。

（3）根据实验成果，分析试样饱和含水率、孔隙度（容水度）的关系，分析试样持水度、残余含水率的关系。

实验十二　包气带土壤蒸发实验

土壤蒸发是土壤中的水分通过上升和汽化从土壤表面进入大气的过程。土壤蒸发影响土壤含水率的变化，是水文循环的一个重要环节。单位时间、单位面积土壤的蒸发量称土壤蒸发率，常用单位为 mm/d。

本实验采用垂直土柱开展土壤蒸发实验。

一、实验目的

通过开展土壤蒸发实验，进一步理解土壤水分的蒸发过程及其影响因素。

二、实验内容

(1)测定黏土不同水位埋深的蒸发率。

(2)测定粉土不同水位埋深的蒸发率。

(3)测定细砂不同水位埋深的蒸发率。

三、实验原理

土柱中包气带土壤的水分蒸发过程是一维垂直流，且仍然服从达西定律和连续原理。通过测定补给土柱的水量和土柱土壤剖面水分的减少量，即为土柱表面蒸发量，蒸发量除以蒸发时长和蒸发面积，即为土壤蒸发率。

四、实验仪器和用品

1. 实验装置

共有 5 套，主要由土柱、红外灯、水分测量系统、马氏瓶等(图 12-1)组成。

(1)土柱：高为 200cm、内径为 20cm 的有机玻璃柱，侧壁从土柱试样表面下 5cm 起向下每 10cm 预留水分传感器埋设孔。

(2)红外灯：250W，模拟日光蒸发。

(3)水分测量系统：主要由 TDR100 时域反射计、土壤水分传感器等组成，水分测量范围：0～100%(m^3/m^3)，准确度：±2%，分辨率：0.1%。

(4)马氏瓶：定水头供水，控制水位，其水量减少量可用于计算土壤蒸发量。

2. 其他

筛、天平、装土工具等。

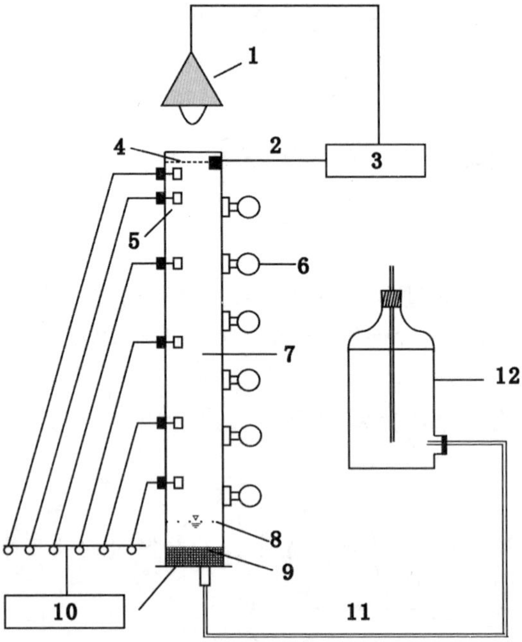

图 12－1　土柱蒸发实验装置

1. 红外灯；2. 温度电极；3. 温控器；4. 土壤表面；5. 盐分传感器；6. 张力计；7. 土柱；8. 下水位；9. 石英砂反滤层；10. 电导率仪；11. 补水管；12. 马氏瓶

五、实验步骤

1. 装填试样

试样经自然风干后磨细、去杂、过筛。按相同容重分层(10cm)装填土柱，共计装 5 个土柱。

2. 确定毛细上升高度

利用马氏瓶向土柱供水，水位为土柱内试样底部齐平，待剖面土壤含水率不再变化，绘制含水率-埋深关系图，确定土柱毛细上升最大高度 H_C 和毛细饱和带高度 H_S。数据记入表 12－1 中。

3. 确定水位

通过升降马氏瓶设定土柱不同水位埋深 S(距土柱内试样底部的距离)(cm)：①$0<S_1\leqslant H_S$，②$H_S<S_2\leqslant H_C$，③$H_C<S_3\leqslant H_C+20\text{cm}$，④$S_4=S_3+20$，⑤$S_5=S_4+20$。数据记入表 12－1 中。

4. 测定初始含水率

当马氏瓶不再向土柱供水时，测定各水位以上的剖面土壤含水率 $\theta_{0j}(j=1,2,3,4,5,\cdots)$。数据记入表 12－1 中。

5. 设定蒸发能力

打开土柱顶部的红外灯模拟日光蒸发。

表 12－1　蒸发实验记录表

水位埋深 S_1：____________(cm)

蒸发强度 E_{ai}(mm/d)		测定时间 t_k(d)	马氏瓶水量减少量 Q_m(cm^3)	剖面含水率 θ_{kj}(cm^3/cm^3)							
				测定位置(据土柱试样表面距离,cm)							
				5	15	25	35	45	55	…	…
E_{a1}		0									
		1									
		2									
		3									
		4									
		5									
		6									
		7									
E_{a2}		0									
		1									
		2									
		3									
		4									
		5									
		6									
		7									
E_{a3}		0									
		1									
		2									
		3									
		4									
		5									
		6									
		7									
E_{a4}		0									
		1									
		2									
		3									
		4									
		5									
		6									
		7									

实验者：　　　　记录/计算者：　　　　校核者：　　　　实验日期：

续表 12－1

水位埋深 S_2：___________(cm)

蒸发强度 E_{ai}(mm/d)		测定时间 t_k(d)	马氏瓶水量减少量 Q_m(cm^3)	剖面含水率 θ_{kj}(cm^3/cm^3) 测定位置(据土柱试样表面距离,cm)							
				5	15	25	35	45	55	…	…
E_{a1}		0									
		1									
		2									
		3									
		4									
		5									
		6									
		7									
E_{a2}		0									
		1									
		2									
		3									
		4									
		5									
		6									
		7									
E_{a3}		0									
		1									
		2									
		3									
		4									
		5									
		6									
		7									
E_{a4}		0									
		1									
		2									
		3									
		4									
		5									
		6									
		7									

实验者：　　　　记录/计算者：　　　　校核者：　　　　实验日期：

续表 12-1

水位埋深 S_3：____________(cm)

蒸发强度 E_{ai}(mm/d)		测定时间 t_k(d)	马氏瓶水量减少量 Q_m(cm^3)	剖面含水率 θ_{kj}(cm^3/cm^3)							
				测定位置(据土柱试样表面距离,cm)							
				5	15	25	35	45	55	…	…
E_{a1}		0									
		1									
		2									
		3									
		4									
		5									
		6									
		7									
E_{a2}		0									
		1									
		2									
		3									
		4									
		5									
		6									
		7									
E_{a3}		0									
		1									
		2									
		3									
		4									
		5									
		6									
		7									
E_{a4}		0									
		1									
		2									
		3									
		4									
		5									
		6									
		7									

实验者：　　　　记录/计算者：　　　　校核者：　　　　实验日期：

续表 12－1

水位埋深 S_4：__________(cm)

蒸发强度 E_{ai}(mm/d)		测定时间 t_k(d)	马氏瓶水量减少量 Q_m(cm^3)	剖面含水率 θ_{kj}(cm^3/cm^3) 测定位置(据土柱试样表面距离,cm)							
				5	15	25	35	45	55	…	…
E_{a1}		0									
		1									
		2									
		3									
		4									
		5									
		6									
		7									
E_{a2}		0									
		1									
		2									
		3									
		4									
		5									
		6									
		7									
E_{a3}		0									
		1									
		2									
		3									
		4									
		5									
		6									
		7									
E_{a4}		0									
		1									
		2									
		3									
		4									
		5									
		6									
		7									

实验者：　　　　记录/计算者：　　　　校核者：　　　　实验日期：

续表 12-1

水位埋深 S_5：＿＿＿＿＿＿(cm)

蒸发强度 E_{ai}(mm/d)		测定时间 t_k(d)	马氏瓶水量减少量 Q_m(cm^3)	剖面含水率 θ_{kj}(cm^3/cm^3) 测定位置(据土柱试样表面距离,cm)							
				5	15	25	35	45	55	…	…
E_{a1}		0									
		1									
		2									
		3									
		4									
		5									
		6									
		7									
E_{a2}		0									
		1									
		2									
		3									
		4									
		5									
		6									
		7									
E_{a3}		0									
		1									
		2									
		3									
		4									
		5									
		6									
		7									
E_{a4}		0									
		1									
		2									
		3									
		4									
		5									
		6									
		7									

实验者：　　　　　　记录/计算者：　　　　　　校核者：　　　　　　实验日期：

预先采用与土柱横截面积相同的蒸发皿率定不同蒸发条件下的蒸发量，即大气蒸发能力E_a，设定四级大气蒸发强度E_{ai}（$i=1,2,3,4$）。数据记入表12－1中。

第一次设定最大蒸发能力。

6. 测定蒸发量

每天按时测定马氏瓶水量减少量Q_m，同时测定各水位以上的剖面土壤含水率θ_{kj}（$k=1,2,3,4,5,6,7$）。连续测定7d。数据记入表12－1中。

7. 调整蒸发能力

通过加大红外灯与土柱顶部距离（依次10cm、20cm、40cm、60cm），逐步减少蒸发能力。蒸发能力每改变一次，重复步骤4～6。数据记入表12－1中。

8. 更换试样

重复试验步骤1～7。

六、实验成果整理

1. 计算蒸发率

对于同一试样在同一水位埋深和同一蒸发强度条件下，绘制当天和前天的剖面土壤含水率-深度图，利用差分法计算土柱水面以上含水率的减少量Q_p。$(Q_m+Q_p)/A$即为当天的蒸发率。

2. 评价蒸发过程

对于不同试样在不同水位埋深和不同蒸发强度条件下，绘制蒸发率-时间关系曲线，评价不同条件下土柱蒸发过程。

3. 确定蒸发极限埋深

对于同一试样不同水位埋深同一蒸发强度条件下，绘制蒸发率-水位关系曲线，确定蒸发最大极限埋深。

4. 编写实验报告

编写土壤蒸发实验报告。

七、注意事项

(1)同一批次实验，5个土柱装填时，要按相同的试样及其相同密实度装填。

(2)红外灯温度比较高，测定时不可过于靠近以免烫伤。

八、思考题

(1)分析包气带土壤水分蒸发的过程。

(2)总结包气带土壤水分蒸发的影响因素。

实验十三　包气带土壤入渗实验

入渗是指水分通过土壤表面进入土壤形成土壤水的过程。土壤入渗过程主要受到供水强度和土壤入渗能力的影响。入渗能力受土壤本身特性如密度、结构、前期含水率等影响。土壤入渗能力常用土壤入渗率和累积入渗量表示。

入渗率是指单位时间、单位面积土壤表面的入渗水量，常用单位为 mm/s、cm/min 或 cm/d。累积入渗量是指一定时间内通过单位土壤表面入渗的累积水量，或在一定时间内，单位面积土壤入渗的总水量，常用单位为 cm 或 mm。

本实验使用均质土开展水平入渗和垂直入渗实验。

一、实验目的

通过开展土壤入渗实验，进一步加深理解包气土壤水分入渗过程及其影响因素。

二、实验内容

（1）观测粉砂的入渗过程并推导土壤的入渗率方程。

（2）观测粉质黏土的入渗过程并推导土壤的入渗率方程。

（3）观测黏土的入渗过程并推导土壤的入渗率方程。

三、实验原理

水平入渗时，不存在重力作用，水是由土壤基膜势梯度吸入的，菲利浦称之为吸水过程。均质土壤水平入渗时，通过横断面积 A 的水量 Q 与时间 t 的关系是：

$$Q/A = Mt^{1/2} + m \tag{13-1}$$

式中：M，m——常数。

湿润锋前进时，锋面到水源的距离 X 与时间 t 的关系是：

$$X = Nt^{1/2} + n \tag{13-2}$$

式中：N，n——常数。

从式(13－1、13－2)可知，$t^{1/2}$ 分别与 Q/A 和 X 成线性关系。通过作直线得出斜率 M 和 N，以及截距 m 和 n，或通过线性回归得到 M、N 和 m、n。

垂直入渗时，水分运动的驱动力是基膜势和重力势梯度之和。均质土壤的垂直入渗方程为：

$$Q/A = Mt^{1/2} + M't + m' \tag{13-3}$$

$$X = Nt^{1/2} + N't + n' \tag{14-4}$$

其中，通过式(13－1、13－2)，M 和 N 成为已知数，则 t 分别与 $Q/A - Mt^{1/2}$ 和 $X - Nt^{1/2}$ 成线性关系，同样可通过作直线或线性回归方法求出到 M'、N' 和 m'、n'。

Q/A 是累积入渗量，常用 i 表示，则：

$$i = Q/A \tag{13-5}$$

对于 i 求导得：

$$di/dt = i = 1/2Mt^{-1/2} + M' \tag{13-6}$$

其中：i——入渗率。

四、实验仪器和用品

1. 实验装置

水平入渗仪（图 13－1、图 13－2），主要由土柱、多空砂芯板和马氏瓶三部分组成。

（1）土柱：由有机玻璃柱制作，长 100cm，内直径 10cm，表面有刻度，容器底部均匀分布通气孔。

（2）多孔砂芯板：嵌在玻璃圆盖内。

（3）马氏瓶：为供水和控制水位所用。

2. 其他

玻璃棒、秒表、烘箱、铝盒、天平等。

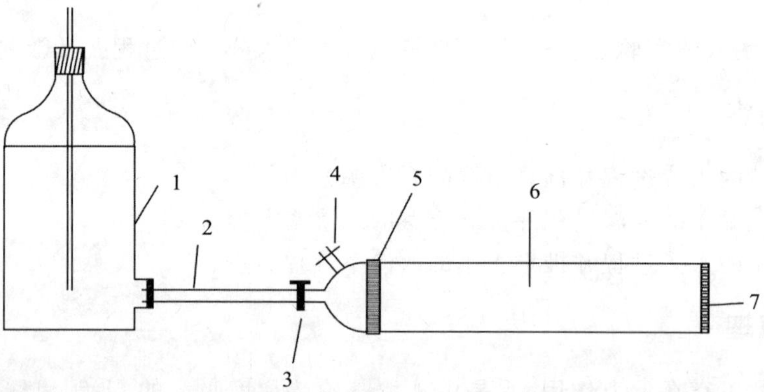

图 13－1　水平入渗仪

1. 马氏瓶；2. 连接管；3. 供水开关；4. 排气开关；5. 多孔砂芯板；6. 土柱；7. 排气孔

五、实验步骤

1. 水平入渗

（1）固定土柱容器与调整马氏瓶位置。将土柱水平地放置于铁架台上，调节马氏瓶发泡点的位置使得橡胶管出水口（对准土柱中心位置）达到刚要出水的程度（消除水在橡胶管流动时的水力损失），固定马氏瓶。将橡胶管套在玻璃圆盖进水口上，使盖内充水赶走气泡，浸入转入的烧杯中备用。

（2）装填试样。取下土柱，实测土柱的内径 D 和管长 L 并计算其内横断面积 A、容积 V，按规定容重计算装入的试样质量，烘干-称重法测定试样含水率 θ_0。搅拌均匀称得的试样分成 3 份或 4 份，按份数装入土柱，装试样前用滤纸铺在容器底部，每次装入时，先用玻璃棒搅拌均匀，然后压实，再轻轻划开土面。依次装满试样，然后垂直放在铁架上（水平位置不变），小心擦去磨口上土壤颗粒。数据记入表 13－1 中。

(3)供水。将马氏瓶出水阀门打开,将玻璃圆盖扣在土柱口上,并迅速转成水平位置,用橡皮筋固定玻璃盖。从玻璃盖扣紧瓶口转为水平时,记录时间 t_0 和马氏瓶水面位置初始读数 W_0。数据记入表 13-1 中。

(4)记录实验数据。当开始入渗时,时间间隔要短,连续记录时间 t_i 和相应的马氏瓶水面位置读数 W_i;由于最初的湿润锋面不整齐,记录锋面前进距离 X_i(距土柱进水端的距离)以土柱容器上一固定方向读数($i=1,2,3,4,\cdots$)。当湿润锋面超过土柱 2/3 以后停止供水。数据记入表 13-1 中。

2. 垂直入渗

(1)固定土柱容器与马氏瓶的位置。将土柱垂直地放置于铁架台上,调节马氏瓶发泡点的位置使得橡胶管出水口(对准土柱中心位置)达到刚要出水的程度(消除水在橡胶管流动时的水力损失),固定马氏瓶。将橡胶管套在玻璃圆盖进入水口上,使盖内充水赶走气泡,浸入转入的烧杯中备用。

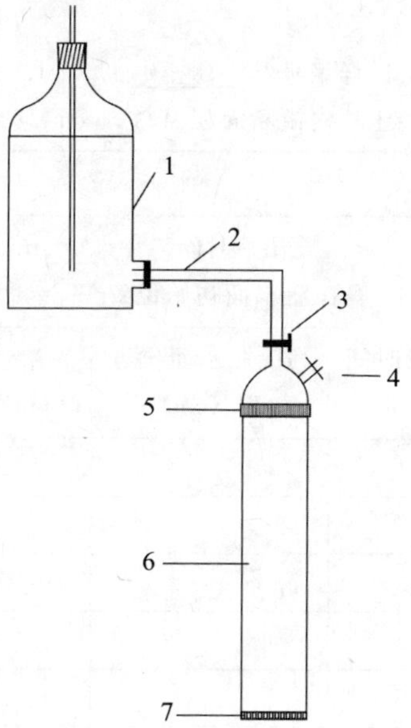

图 13-2　垂直入渗仪

1. 马氏瓶;2. 连接管;3. 供水开关;4. 排气开关;5. 多孔砂芯板;6. 土柱;7. 排气孔

(2)装填试样。取下土柱,实测土柱的内直径 D 和管长 L 并计算其内横断面积 A、容积 V,按规定容重计算装入的试样质量,测定试样含水率 θ_0。搅拌均匀称得的试样分成 3 份或 4 份,按份数装入土柱,装试样前用滤纸铺在土柱底部,每次装入时,先用玻璃棒搅拌均匀,然后压实,再轻轻划开土面。依次装满试样,然后垂直放在铁架上(垂直位置不变),小心擦去磨口上土壤颗粒。数据记入表 13-1 中。

(3)供水。同时将马氏瓶发泡和出水阀门打开,将玻璃圆盖扣在土柱口上,立即打开马氏瓶出水发泡节门,开始记录时间 t_0 和马氏瓶水面位置初始读数 W_0。数据记入表 13-1 中。

(4)记录实验数据。当开始入渗时,时间间隔要短,连续记录时间 t_i 和相应的马氏瓶水面位置读数 W_i;由于最初的湿润锋面不整齐,记录锋面前进距离 X_i 以土柱容器上一固定方向读数($i=1,2,3,4,\cdots$)。当湿润锋面超过土柱 2/3 以后停止供水。数据记入表 13-1 中。

六、实验成果整理

1. 绘制 $I-t^{1/2}$、$X-t^{1/2}$ 关系曲线

根据水平入渗实验数据,绘制 $I-t^{1/2}$、$X-t^{1/2}$ 关系曲线,图解求算 M、N、m、n,建立 $I-t$、$X-t$ 关系表达式。

利用式(13-6),计算相应的入渗率方程。

2. 绘制 $(I-Mt^{1/2})-t$、$(X-Nt^{1/2})-t$ 关系曲线

根据垂直入渗实验数据,绘制 $(I-Mt^{1/2})-t$ 和 $(X-Nt^{1/2})-t$ 关系曲线,图解求算 M'、N'、m'、n',建立 $I-t$、$X-t$ 关系表达式。

利用式(13-6),计算相应的入渗率方程。

3. 分析入渗特征

绘制入渗率-时间关系曲线,分析入渗过程及其入渗率的变化特征。

表 13-1　入渗实验记录表

试样编号：________　土柱内直径 D：________ cm　土柱长度 L：________ cm

土柱内横断面积 A ____ cm^2　土柱容积 V：____ cm^3　试样初始含水率 θ_0：______

水平入渗				垂直入渗			
开始时间 t_0 = 0 min，马氏瓶水面初始位置 W_0 = ______ cm				开始时间 t_0 = 0 min，马氏瓶水面初始位置 W_0 = ______ cm			
入渗时间 t_i(min)	马氏瓶水面位置 W_0(cm)	入渗量 Q_i(mL)	入渗距离 X_i(cm)	入渗时间 t_i(min)	马氏瓶水面位置 W_0(cm)	入渗量 Q_i(mL)	入渗距离 X_i(cm)
1				0.5			
2				1			
3				1.5			
4				2			
5				3			
6				4			
7				5			
8				6			
9				7			
11				8			
13				9			
15				11			
20				13			
25				18			
35				23			
45				33			

实验者：　记录/计算者：　校核者：　实验日期：

4. 编写实验报告

编写土壤入渗实验报告。

七、注意事项

(1)同一批次实验，实验条件(试样、实验初始条件、实验用水、实验温度等)要保持一致。

(2)实验初期，由于入渗速度快，计时、读数需要操作者密切配合且迅速。

八、思考题

(1)比较垂直入渗与水平入渗时稳定入渗率值的高低，并说明原因及各自的意义。

(2)分析土壤入渗过程中的影响因素。

实验十四　包气带土壤横向渗流实验

土壤含水层中潜水面以上的支持毛细水不仅在垂向上能够传递静水压力，而且在横向上也能够传递静水压力，与潜水面以下的饱水带水形成统一的渗流场，一起进行着垂向渗流和横向渗流。土壤水的垂向渗流和横向渗流是密切相关的有机整体，哪一种运动形态占主导地位，取决于整个渗流场的动力条件。

本实验采用潜水仪开展土壤水的横向渗流实验。

一、实验目的

通过开展无入渗、无蒸发和无越流条件下的土壤水的横向渗流实验，进一步理解土壤水的横向渗流特征及其产生的物理机制。

二、实验内容

(1)观测稳定渗流场中土壤水的横向渗流(补给、径流、排泄)过程；

(2)观测稳定渗流场中土壤水的渗流速度分布情况。

三、实验原理

利用潜水仪(物理模型)描述无入渗、无蒸发、无越流发生的河间地块潜水含水层。调整潜水仪两侧供排水装置的水位以形成一定的水头差，在水力梯度的作用下水流从高水位通过潜水含水层向低水位进行排泄，经过一定时间潜水含水层饱水稳定后支持毛细水与饱水带水构成统一的渗流场，进行着横向渗流。在此基础上，开展示踪实验，即可观测土壤水的横向渗流(补给、径流、排泄)过程和渗流速度分布情况。

四、实验仪器及用品

1.实验装置

潜水仪(图 14-1)，是一个 120cm×60cm×40cm 长方体状的有机玻璃制作的渗流槽，顶板留空，共分为三段：中间为渗流区，两端为供排水装置。

(1)渗流区：内置多孔介质(石英砂，粒径 0.1～0.3mm)，模拟潜水含水层。

(2)供排水装置：定水头供排水，模拟河渠；进出水口处贴有无锈钢丝网以防止介质颗粒进入水箱；为了保证定水头供排水，供排水装置与稳水箱相连。

2.示踪系统

由示踪孔、示踪剂、示踪剂注入工具、计时器等组成。

(1)示踪孔：在渗流区正面侧壁上分布有 7×8 个小孔，小孔内部加了砂网外径套有铜管，铜管上套有中空橡皮头，以便利于示踪剂的注入。相邻小孔间纵向距离为 5cm，横向距离为

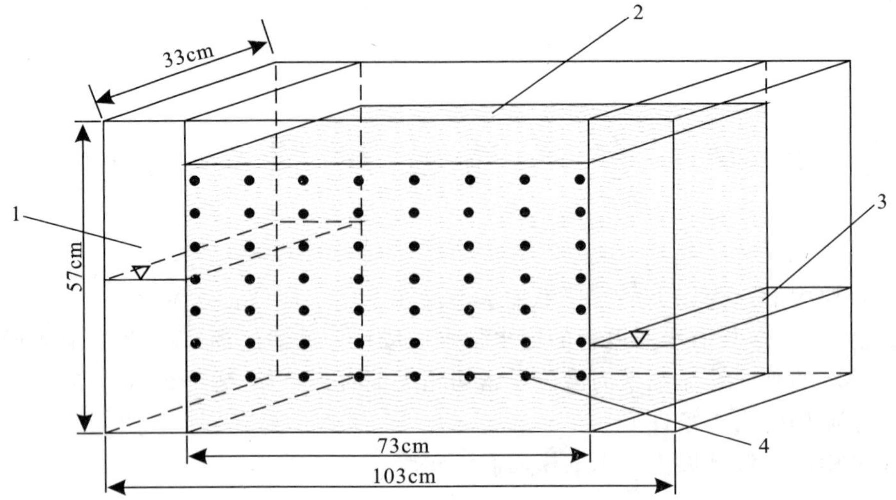

图 14-1　潜水仪

1. 进水箱；2. 砂槽；3. 出水箱；4. 示踪剂注入孔

10cm。

(2)示踪剂：红墨水，2 瓶。

(3)示踪剂注入工具：注射器，针头长 5cm。

(4)计时器：电子表。

3. 其他用品

稳水箱两个：一个定水头供水，另一个定水头排水；水平尺 1 个；钢卷尺 1 把；玻璃棒 1 根。

五、实验步骤

1. 检查仪器

用水平尺检验装置是否水平。向水箱里装水供给渗流区，调节供排水装置，查看仪器是否存在漏水现象。

2. 饱水

分阶段提高供水装置，缓慢地向渗流区供水，并观察水的渗流情况，直到水通过渗流区进入排水装置一段时间之后再进一步提高供水装置的高程。并注意观察支持毛细水的上升高度，以便更好地控制水位。结合支持毛细水最大上升高度，确定供、排水装置水头值，保持定水头让河渠间含水层的水形成稳定流动。判断形成稳定流动的条件：每隔一段时间观察进出口处水位是否变化，如果排水口稳定的出水，支持毛细水上升高度不再变化，则说明稳定条件已形成。

3. 投放示踪剂

示踪剂的投放分两个阶段进行：首先，为了研究渗流场的补给、径流和排泄过程，在高水位河渠瞬间加入示踪剂并用玻璃板搅匀，对渗流现象进行全程观察，示踪剂量为 60mL 红墨水；接着，为了研究支持毛细水与饱水带水渗流速度的分布情况，在靠近高水位一侧垂直断面观测孔中借助注射器瞬时注入，观察不同时刻示踪剂的横向迁移情况，每个观测孔示踪剂量为

5mL 红墨水。

六、实验成果整理

1. 分析土壤水横向渗流过程

根据示踪实验，分别观察 2min、5 min、7min、16min、23min、30min、36min、53min、64min、87min、100min、…时的示踪景观，并分别描述各时间点渗流场的补给、径流和排泄过程，分析补给边界和排水边界附近支持毛细水带的渗流情况。

2. 分析土壤水渗流速度分布情况

根据示踪实验，分别观察 1min、2min、6min、13min、18min、26min、36min、52min、76min、…时的示踪景观，记录各时间点不同观测孔示踪剂的迁移情况，并对整个剖面上渗流速度的分布差异进行总结。

3. 编写实验报告

编写包气带土壤横向渗流实验报告。

七、注意事项

(1)饱水时，应慢慢的抬升供水装置水位，以便观察毛细水上升高度，防止升的过高、过快使得最大毛细上升高度超出仪器范围，而且这样可以更充分的排出多孔介质里面的空气。

(2)连接供水装置的水管出水量要控制得当，太大会冲击纱网，破坏介质的各向同性；太小则有可能出现停水造成水流不稳定。

(3)在给垂直断面不同观测孔中注入示踪剂时，一定要保持同步进行。

八、思考题

(1)分析稳定横向渗流场中土壤水的横向渗流特征？

(2)分析稳定横向渗流场中毛细饱和带厚度的变化特征？

(3)改变供排水装置两侧的水头值，支持毛细水与饱水带水的渗流速度会如何变化？

(4)分析土壤水产生横向渗流的物理机制？

实验十五　包气带土壤渗流综合实验

土壤渗流物理模拟是以相似模型理论为基础，采用相似模型再现土壤渗流过程和动态的实验方法。

土壤渗流物理模拟不仅可真实再现特定条件下的包气带土壤水流与溶质运移过程、可为理论分析提供必要的渗流参数，而且能够检验渗流基本理论和观察渗流过程中出现的物理现象、能够模拟解析法难以求解的复杂问题。

本实验利用大型包气带土壤渗流物理模拟装置开展不同补排条件的渗流实验。

一、实验目的

（1）利用大型包气带土壤渗流物理模拟装置开展不同补排条件的土壤渗流实验，进一步掌握土壤渗流物理模拟技术。

（2）利用大型包气带土壤渗流物理模拟装置开展不同补排条件的土壤渗流实验，进一步理解土壤渗流特征。

二、实验内容

（1）熟悉大型包气带土壤渗流物理装置的结构和功能。

（2）掌握大型包气带土壤渗流物理装置的操作流程。

（3）利用大型包气带土壤渗流物理装置模拟不同补排条件下的土壤水分运动过程及其时空分布特征。

（4）利用大型包气带土壤渗流物理装置模拟不同补排条件下的土壤溶质运移过程及其时空分布特征。

三、实验原理

大型包气带土壤渗流物理模拟装置是当前国内外最常用的模拟饱和-非饱和条件下的水流与溶质运移的物理模型之一。

利用物理装置（模型）再现渗流区（原型）渗流动态和过程的模拟理论基础是相似模型理论。相似模型是指原型和模型具有相似条件，即两个系统中的物理现象具有相似的变化规律，可以写出相似的数学模型。相似的数学模型包括两个方面：

（1）描述二者物理过程的微分方程形式相同。

（2）模型的定解条件相似，是指原型和模型要在以下几个方面保持相似：①几何相似；②参数相似；③边值相似；④初值相似；⑤时间相似。

总之，在微分方程形式相同的情况下，所有相对应的物理量均保持固定的比值，即具有相似比例，这是原型和模型两个系统相似的充分和必要条件。这些条件成为建立模型和模拟渗流规律的相似基础。

四、实验仪器和用品

大型包气带土壤渗流物理模拟装置，主要由土槽系统(Ⅰ)、补排系统(Ⅱ)、量测系统(Ⅲ)三部分组成(图 15-1)。

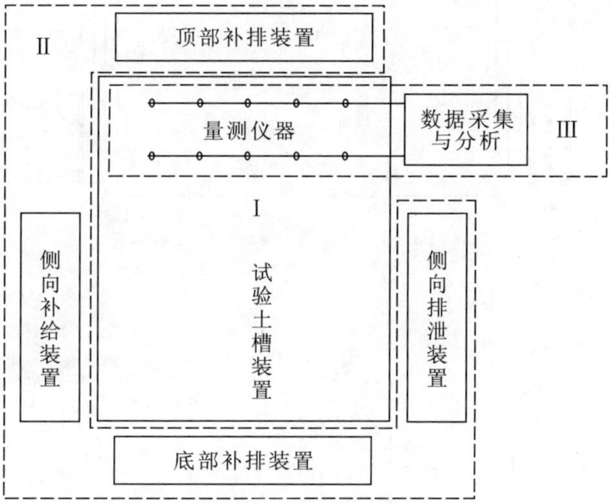

图 15-1　大型包气带土壤渗流物理模拟装置

Ⅰ. 土槽系统；Ⅱ. 补排系统；Ⅲ. 量测系统

1. 土槽系统

土槽系统是进行物理模拟实验的基本设施，由土槽装置、实验介质两部分组成。

(1)土槽装置。土槽装置采用 0.5cm 厚的铁板焊制而成，长、宽、高分别为 3m、1m、4m。

(2)实验介质。实验介质选取长江河漫滩的松散沉积物(下称供试土壤)。供试土壤筛除杂质、分层(10～20cm/层)等密度装入土槽并压实，装土厚度为 3.6m。

2. 补排系统

补排系统包括侧向补排装置、底部补排装置、上部补排装置三部分。

1)侧向补排装置

侧向补排装置具有侧向补排土槽中饱和带水的功能，同时兼具控制地下水位的作用。

侧向补排装置主要由两个狭长水槽、两个升降架、一个定水位补给水箱、一个定水位排泄水箱、滤网等组成(图 15-2)。水槽模拟河渠：左侧水槽模拟给水河渠，右侧水槽模拟排水河渠；补给水箱用于稳定给水河渠的水位，排泄水箱用于稳定排水河渠的水位；升降架可自由升降水箱，用于改变土槽两侧的水位；滤网主要是保证水分进入、排出土壤时不破坏土壤结构以保证土壤的稳定性。

2)底部补排装置

底部补排装置的主要作用是控制地下水位的水平降升或排空土槽内土壤饱和带的重力水。底部补排装置由一个进水开关、一个排水开关、水管、砂砾石层、滤网等组成(图 15-3)。

当进水开关、排水开关都关闭时，底部补排装置不进行补、排水；当进水开关开启，排水开

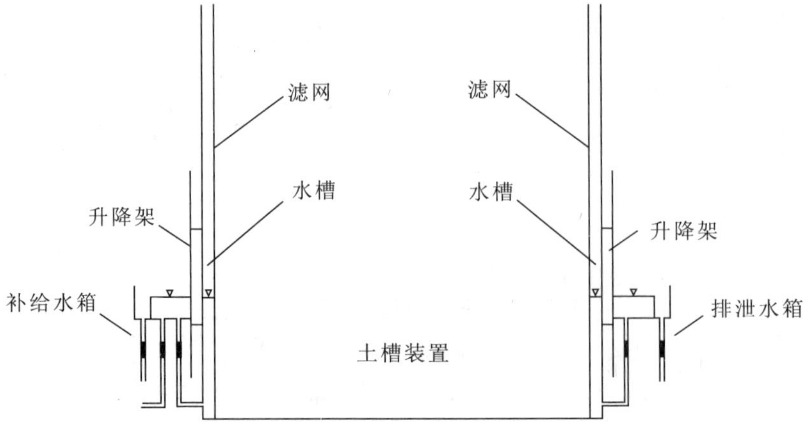

图 15-2　侧向补排装置

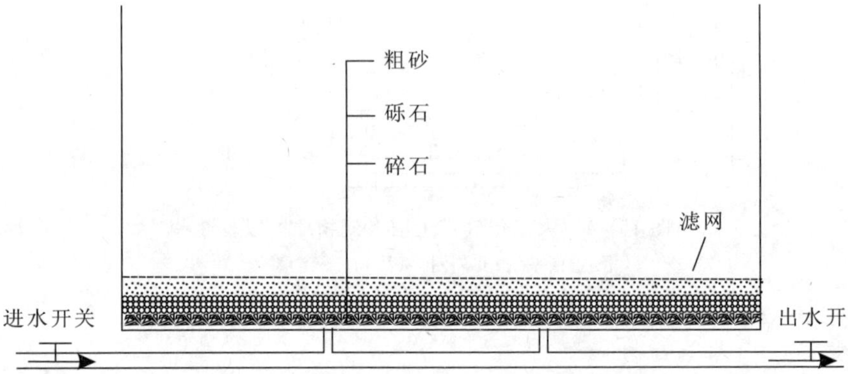

图 15-3　底部补排装置结构

关关闭时，底部补排装置补水；当进水开关关闭，排水开关开启时，底部补排装置排水。砂砾石层的作用是补排水时保证水位的水平升降，它由三部分组成：最底部——10cm 厚的粒径为 2～10cm 的碎石，中部——5cm 厚的粒径为 0.2～2cm 的砾粒，上部——5cm 厚的粒径为 0.05～0.2cm 的粗砂。砂砾石层与土壤之间为滤网，其作用在于水分进入、排出土壤时不破坏土壤结构。

3)上部补排装置

上部补排装置包括降雨装置、蒸发装置、积水入渗装置三个不同作用的补排装置。

(1)降雨装置。降雨装置主要模拟喷灌补给条件。

降雨装置由针管式降雨器及供水装置组成(图 15-4)。针管式降雨器由有机玻璃制成，宽 1m，长 3m。在降雨器的底板上装有 7 500 个 4 号医用注射针头，针头是等间距插在青毒素橡皮瓶盖上，再嵌入底板的圆孔内，其作用在于：一是便于更换堵塞的针头；二是可利用不带针头的橡皮塞瓶盖，来调正降雨器的降雨范围，使之与土槽断面相适应。

供水装置由供水箱和升降架组成。供水箱的作用在于为降雨器提供一个稳定的水流。通过调节供水箱在升降架的高度，来调节不同水面高度以达到改变降雨强度的目的。经过标定，雨强变化为 0.1～2mm/min。

当降雨强度小于入渗强度时,地表没有积水,其入渗量等于降雨量;当降雨强度大于入渗强度时,则地表开始积水并产生径流量,此时任意时间的入渗量等于降雨量减去径流量。在此情况下,降雨强度为已知,则入渗量的测定即成为径流量的测定问题。

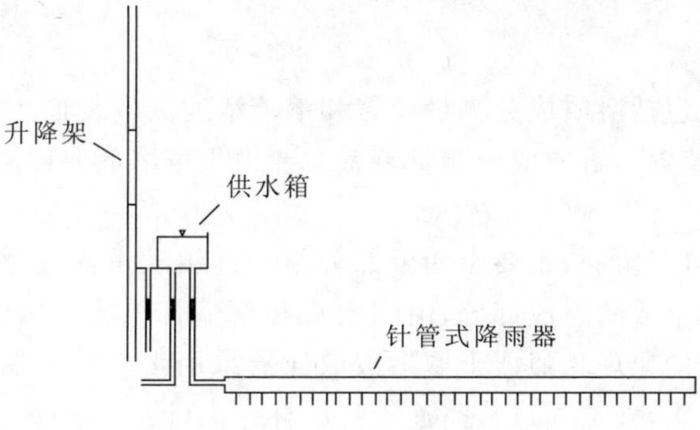

图 15-4　降雨装置

(2)蒸发装置。蒸发装置主要模拟土壤表面不同蒸发强度的排泄条件。

蒸发装置是可调红外灯。利用可调红外灯模拟太阳辐射,辐射强度由可调压变压器调节。经过标定,蒸发强度范围在 1～20mm/d。

(3)积水入渗装置。积水入渗装置主要模拟漫灌补给条件,其功能在于使土表建立一个稳定水深,并能连续供水和测定下渗水量。

积水入渗装置由流量计、供水箱、大量程量筒三部分组成(图 15-5)。

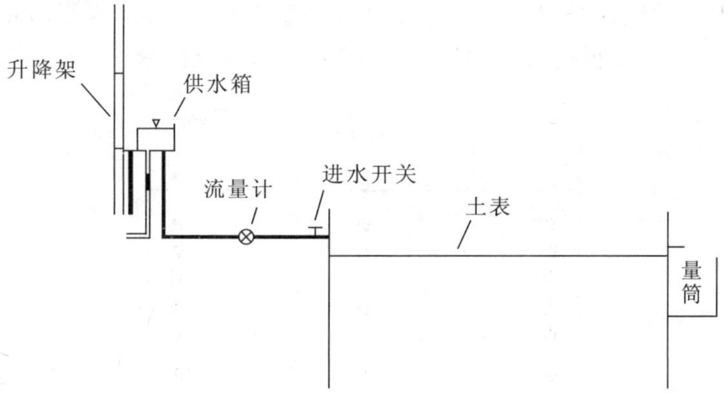

图 15-5　积水入渗装置

流量计用来测量进水流量;供水箱的作用在于提供一个稳定的水位,以保证水稳定地流入土槽,同时保证流量计的准确性和可靠性;通过升降架可调整供水箱的高度,以调节水的流速;大量程量筒用来量测漫灌时的溢出量(径流量)。

土槽下渗水量的计算:

→漫灌开始,打开进水开关,水流到土表,计时,经过一定时间,在土表形成一定厚度的积水,多余的水溢出;

→土槽的下渗水量等于进水量减去溢出量,而进水量等于流量与进水时间的积。

3. 量测系统

量测系统是测量能够反映土壤中水分与溶质时空分布特征参数的仪器监测系统。

量测系统包括土壤溶质测量装置、土壤水分测量装置、土壤水势测量装置和地下水位测量装置四部分。

1)土壤溶质测量装置

土壤溶质测量装置包括溶质成分测量装置和溶液浓度测量装置。

(1)溶质成分测量装置。溶质成分测量装置主要由土壤溶液取样器、相关分析化学仪器组成。

土壤溶液取样器,自行研制,主要由四个部分组成:吸杯、采样瓶、缓冲瓶和真空泵。吸杯是土壤溶液取样器中最重要的组成部分,由陶土头和聚酯管组成。陶土头的工作原理与植物根系从土壤中吸收溶液的原理相似。土壤溶液取样器采用张力计末端所用陶土头,用一条聚酯管一端连接一个陶土头,外端通过管路连接到取样瓶上(图 15－6)。

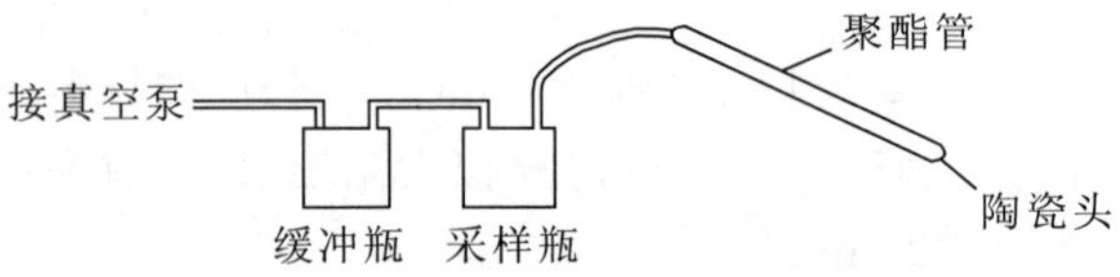

图 15－6 土壤溶液取样器

用直径略大于吸杯的土钻在取样点打一个孔,将土钻中的土壤取出,把聚酯管推入孔中,共安装 30 根,土壤溶液取样器陶土头在土槽内的位置见图 15－7。为了防止水分沿取样器周围渗出,在聚酯管与土槽铁板接触处加一个橡胶圈,并用螺丝拧紧。

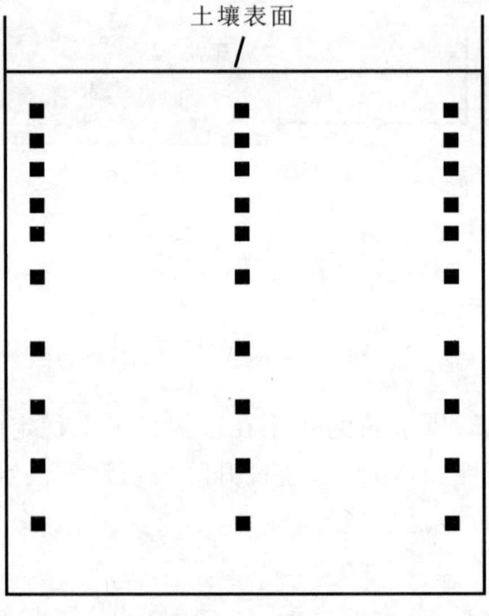

图 15－7 土壤溶液取样器陶土头埋设位置

采样时，由真空泵对系统施加一定的负压(通常≤50kPa)，当吸杯内的毛管压力小于土壤毛管压力时，土壤中的溶液就被吸入吸杯，直到两者相等为止。把采样瓶中获得的土壤溶液送水化学实验室，由相关分析化学仪器测定其成分。

(2)溶液浓度测量装置。土壤溶液浓度的测量采用在土槽供试土壤内预埋接触式盐分传感器，根据不同浓度土壤溶液的导电性能不同，测定其电导值，再经过标定方程的转换后，即可给出土壤溶液浓度结果。

土壤溶液浓度的测量装置主要由国产 TYC－2 型盐分传感器、DDS－1A 型电导率仪组成。通过标准溶液率定拟埋设的盐分传感器。随填土分层埋设率定好的盐分传感器，共计埋设 60 个，埋设位置见图 15－8。测量时，把盐分传感器的导线连接到电导率仪上，从电导率仪上读取数值，经标定公式(每个盐分传感器的标定公式不同)转换即可获得该盐分传感器所处位置土壤的溶液浓度。

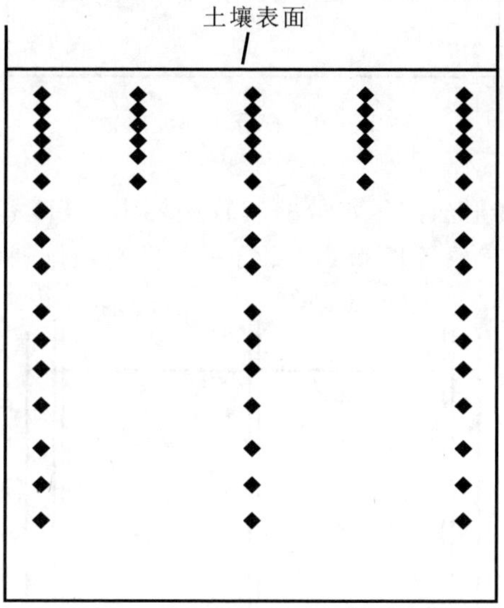

图 15－8　盐分传感器埋设位置

2)土壤水分测量装置

供试土壤的水分测量采用电阻法和中子散射法两种方法。

(1)电阻法。电阻法测量水分的装置主要由 14.22.05 型石膏块和 14.22 型土壤水分测定仪组成。

把 14.22.05 型石膏块随填土分层埋设，共计安装 48 块，在土槽内的埋设位置见图 15－9。在使用 14.22 土壤水分测定仪前，必须校准。校准方法是同时按住土壤水分测定仪上部的两个按钮，同时，用改锥转动校准螺丝，直到土壤水分测定仪的显示器上显示 100 为止。测量时，把要测量的石膏块与土壤水分测定仪连接，然后同时按住仪器的下部的两个按钮，这时显示器上显示的数字，经过标定公式(15－1)转化，即可获得石膏块所处位置的土壤含水率：

$$\theta=(3.5x-255)/100 \tag{15-1}$$

其中：θ——代表土壤体积含水率；

x——代表土壤水分测定仪显示器上显示的数字。

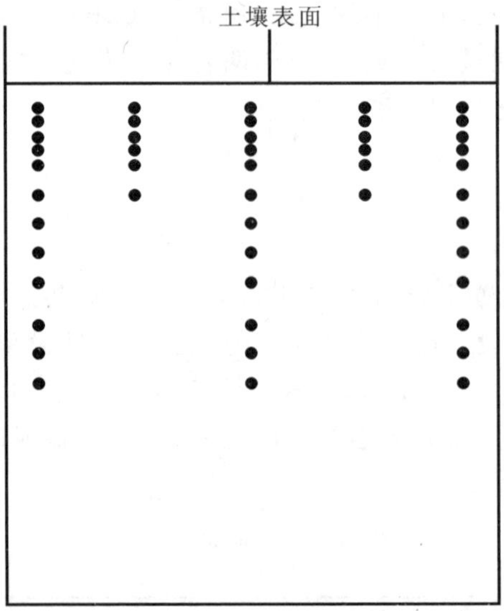

图 15－9　石膏块埋设位置

(2)中子散射法。中子散射法测量水分的装置主要由 L520 智能型土壤水分中子仪、测管组成。测管在填土前,定位,三根各长 4m 的测管一排等间距排列(图 15－10)。

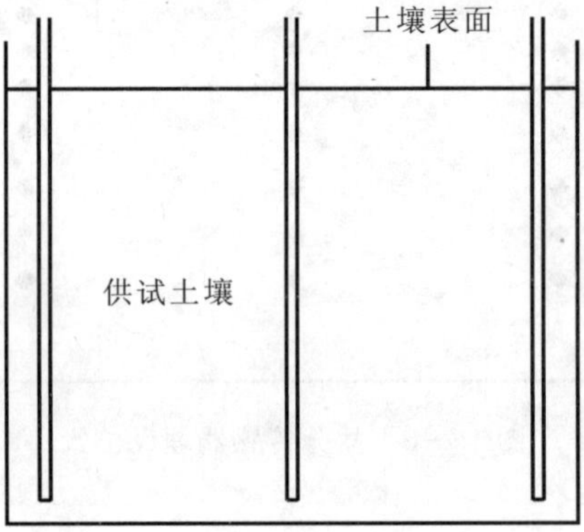

图 15－10　测管位置

测量前,进行现场标定。所谓标定,就是给仪器读数定标。由于各地土壤条件不同,仪器出厂前在室内的定标与实际可能存在差异,应通过与烘干法对比,确定仪器读数与实际土壤水分含量的线性关系方程,存入读数器中。测量时,打开主机,首先选定参数,例如,根据设定的测管号,可调出相应的标定方程,以备使用;设定观测的起始深度和深度间隔,以便逐层观测等。然后进行正式观测,利用深度计数器,把探头依次置于各观测层开始测量,确定无误时,存储记录,下至全部深度测完,最后整理记录,把主机拆下,带回办公室回放记录,可与计算机或打印机连接,以使记录屏幕显示或打印输出。

3)土壤水势测量系统

土壤水势测量系统的功能主要是监测土槽内土壤在实验进行时的孔隙水压力变化。

土壤水势测量系统主要由张力计管、Soil spec 型电子张力计、压力传感器、DL2e 型数据采集仪组成。采用多孔的陶土头与植物根系从土壤中吸收水分相似的原理，当土壤中的水分减少、水势降低时，埋置在土壤中的张力计管中的水分会从多孔的陶土头渗出，此时张力计管中形成一定的真空度，通过测量张力计管中的真空度，就可以反映出土壤中水势的变化。

张力计管的安装，是在土槽分层填土压实完毕以后，在槽身打孔插入，共计安装 60 根。张力计管安装后，其陶土头在土槽内的位置见图 15－11。张力计管末端有两个连接口，一个安装压力传感器，一个安装橡胶塞。

测量土壤水势时，Soil spec 电子张力计的探针插入橡胶塞进入张力计管中直接读取被测值，由读数表将负压转变为土壤水势值。由于所有张力计管测量均使用同一读数表，数据可比性高。另外，把压力传感器连接到 DL2e 数字采集仪，该数字采集仪能够按照设定的时间间隔自动记录土壤中各位置的水势。如果再把 DL2e 数字采集仪连接到计算机上，即可在计算机上实时监测土槽内不同位置的土壤水势。DL2e 数字采集仪使用前，必须进行标定(每个压力传感器的标定公式是不一样的)。

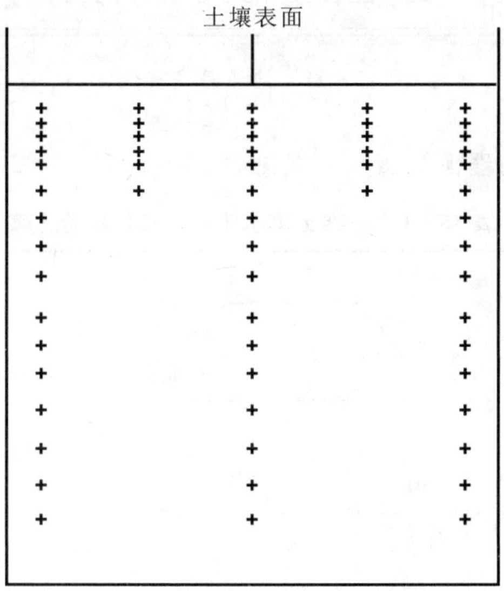

图 15－11　张力计管陶土头埋设位置

4)地下水位测量装置

土槽内的水头分布状况，由槽身中的测压管水位以及侧向补排装置中的水箱水位观测得到。测压管共五根，安装位置见图 15－12。

五、实验步骤

1. 供试土壤渗流参数测定

测定供试土壤的渗流参数，目的是了解供试土壤的基本渗流性质。

2. 土壤水分运动物理模拟实验

在大型包气带土壤渗流物理模拟装置上进行一些补排条件的土壤水分运动的物理模拟实验。

1)实验方案

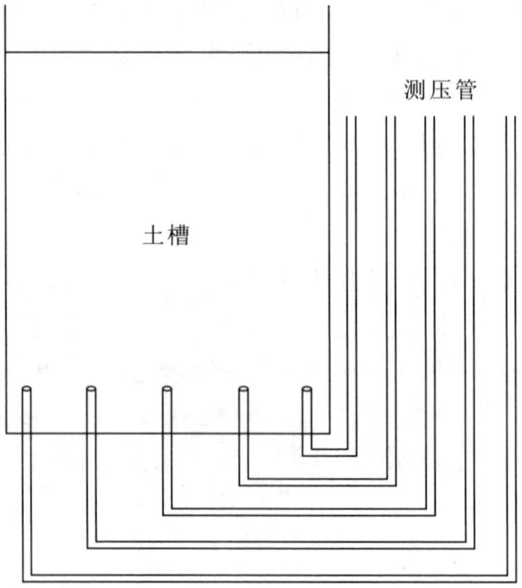

图 15-12　测压管安置位置

设计的土壤水分运动物理模拟实验方案见表 15-1、表 15-2。

表 15-1　一维土壤水流物理模拟实验方案

方案编号		W1	W2	W3	W4
上边界条件	灌溉方式	漫灌	漫灌	喷灌（喷灌强度 6.25mm/h）	喷灌（喷灌强度 12.5mm/h）
	灌溉定额(mm)	60	90	15	45
	灌溉间隔周期(d)	10	20	10	20
	蒸发强度(mm/d)	白天:1	白天:2	白天:2	白天:3
		晚上:0			
两侧边界条件	等水位	77.5cm	157.5cm	77.5cm	157.5cm
	水位以上边界隔水				
下边界条件	等水头边界				

2)实验过程

土壤水分运动物理模拟的实验过程如下。

(1)补给前，测定土槽内土壤的初始物理状态（不同位置处的土壤初始含水率、初始孔隙水压力、初始地下水位）。

(2)按计划定额灌水，记录灌水入渗时间。

(3)灌水结束后，土槽土表一直处于蒸发状态（白天、晚上的蒸发强度不同）至实验结束。

(4)灌水结束时，立即测量土槽内土壤的物理状态（不同位置处的土壤含水率、孔隙水压力、地下水位)。

(5)灌水结束后,前5天,每天两次测试土壤的物理状态(不同位置处的土壤含水率、孔隙水压力、地下水位);5天以后每天一次测试土壤的物理状态。

表15-2　二维土壤水流物理模拟实验方案

方案编号		W5	W6
上边界条件	灌溉方式	漫灌	喷灌(喷灌强度8.33mm/h)
	灌溉定额(mm)	120	30
	灌溉间隔周期(d)	10	10
	蒸发强度(mm/d)	白天:3	白天:2
		晚上:0	
两侧边界条件	左边界水位(cm)	82.5	167.5
	右边界水位(cm)	77.5	157.5
	水位以上边界隔水		
下边界条件	隔水		

3.土壤溶质运移物理模拟实验

在大型包气带土壤渗流物理模拟装置上进行一些补排条件的土壤溶质运移的物理模拟实验。

1)试验方案

设计的土壤溶质运移物理模拟试验方案见表15-3、表15-4。

表15-3　一维土壤溶质运移物理模拟试验方案

编号		R1-Ⅰ	R2-Ⅲ
溶质施加量		10mm 0.1mmol/mL	10mm 0.2mmol/mL
上边界条件	灌溉方式	漫灌	喷灌(喷灌强度6.25mm/h)
	灌溉定额(mm)	120	15
	灌溉间隔周期(d)	10	10
	蒸发强度(mm/d)	白天:1	白天:2
		晚上:0	晚上:0
两侧边界条件	等水位(cm)	77.5	77.5
	水位以上边界隔水		
下边界条件	等水头边界		

表 15－4　二维土壤溶质运移物理模拟试验方案

<table>
<tr><td colspan="2">试验编号</td><td>R3－Ⅰ</td></tr>
<tr><td colspan="2">溶质施加量</td><td>10mm 0.1mmol/mL</td></tr>
<tr><td rowspan="5">上边界条件</td><td>灌溉方式</td><td>喷灌(喷灌强度 6.25mm/h)</td></tr>
<tr><td>灌溉定额(mm)</td><td>30</td></tr>
<tr><td>灌溉间隔周期(d)</td><td>10</td></tr>
<tr><td rowspan="2">蒸发强度(mm/d)</td><td>白天:2</td></tr>
<tr><td>晚上:0</td></tr>
<tr><td rowspan="3">两侧边界条件</td><td>左边界水位(cm)</td><td>82.5</td></tr>
<tr><td>右边界水位(cm)</td><td>77.5</td></tr>
<tr><td>水位以上边界隔水</td><td></td></tr>
<tr><td>下边界条件</td><td colspan="2">隔水</td></tr>
</table>

2)实验过程

土壤溶质运移物理模拟的实验过程如下。

(1)补给前,测定土槽内土壤不同位置处的初始物理状态(初始含水率、初始孔隙压力、初始地下水位、初始溶液浓度等)。

(2)把一定量的 KNO_3 溶解到少量的水中,然后施加到土壤表面,待下渗完毕后,立即按计划灌水定额灌水,记录灌水入渗时间。

(3)灌水结束后,土槽土表一直处于蒸发状态(白天、晚上蒸发强度不同)至试验结束。

(4)灌水结束后,前 5 天,每天两次测试土壤的物理状态(含水率、孔隙水压力、地下水位、溶液浓度等);5 天以后,每天一次测试土壤的物理状态。

六、实验成果整理

1. 土壤水分运动物理模拟实验成果

任一方案进行实验期间,每次所量测的内容包括土槽内土壤不同位置的 118 个含水率、60 个孔隙水压力、7 个地下水位。

方案 W1 实验完毕,共计获得1 888个含水率、960 个孔隙水压力,112 个地下水位;方案 W2 实验完毕,共计获得 3 068 个含水率、1 560 个孔隙水压力,182 个地下水位;方案 W3 实验完毕,共计获得1 888个含水率、960 个孔隙水压力,112 个地下水位;方案 W4 实验完毕,共计获得 3 068 个含水率、1 560 个孔隙水压力,182 个地下水位;方案 W5 实验完毕,共计获得 1 888个含水率、960 个孔隙水压力,112 个地下水位;方案 W6 实验完毕,共计获得1 888个含水率、960 个孔隙水压力,112 个地下水位。

1)一维土壤水分运动特征分析

土壤表面平坦且补排均匀的情况下,土槽内饱和-非饱和土壤中的水分运动为一维垂向运动。在分析方案 W1～W4 实验成果的基础上，研究土壤水分的一维垂向运动特征。

(1)绘制方案 W1、W2、W3、W4 条件下的土壤剖面灌水前后的含水率变化情况，分析土壤剖面含水率时空变化特征，进而确定土槽内土壤按含水率在垂向上的分带。

(2)绘制方案 W1、W2、W3、W4 条件下的土壤剖面灌水前后的水势变化情况。分析土壤剖面水势时空变化特征。

(3)根据实验成果，总结土壤一维水分运动特征和土槽内土壤水分的相互转化情况。

2)二维土壤水分运动特征分析

在地下水流动的情况下，土槽内饱和-非饱和土壤中的水分运动为二维运动。在分析方案 W5、W6 的实验成果基础上，研究土壤水分的二维运动特征。

(1)绘制方案 W5、W6 条件下的土壤剖面灌水前后的含水率变化图，分析土壤剖面含水率时空变化特征，进而确定土槽内土壤按含水率在垂向上的分带。

(2)绘制方案 W5、W6 条件下的土壤剖面灌水前后的总水势变化图，分析土壤剖面水势时空变化特征。

(3)根据实验成果，总结土壤二维水分运动特征和土槽内土壤水分的相互转化情况。

2. 土壤溶质运移物理模拟实验成果

任一试验进行期间，每次需测试的内容包括土槽内土壤不同位置的 118 个含水率、60 个孔隙水压力、7 个地下水位、90 个溶液浓度。

方案 R1－Ⅰ试验完毕，共计测量 1 888 个含水率、960 个孔隙水压力、112 个地下水位、1 440个土壤溶液浓度；方案 R2－Ⅲ试验完毕，共计测量 1 888 个含水率、960 个孔隙水压力、112 个地下水位、1 440 个土壤溶液浓度；方案 R3－Ⅰ试验完毕，共计测量 1 888 个含水率、960 个孔隙水压力、112 个地下水位、1 440 个土壤溶液浓度。

1)一维土壤溶质运移特征分析

土壤表面平坦且补排均匀的情况下，土槽内饱和-非饱和土壤中的溶质运移为一维垂向运动。在分析方案 R1－Ⅰ、R2－Ⅱ实验成果的基础上，研究土壤溶质的一维垂向运移特征。

(1)绘制方案 R1－Ⅰ、R2－Ⅱ条件下的土壤剖面灌水前后的含水率、水势、溶质浓度变化情况，分析土壤剖面溶质的垂向变化特征。

(2)根据实验成果，总结土壤一维溶质运移特征和土槽内土壤溶质运移的相互转化情况。

2)二维土壤溶质运移特征分析

在地下水流动的情况下，土槽内饱和-非饱和土壤中的溶质运移为二维运动。在分析方案 R3－1 的实验成果基础上，研究土壤溶质的二维运移特征。

(1)绘制方案 R3－1 条件下的土壤剖面灌水前后的含水率、水势、溶质浓度变化情况，分析土壤剖面溶质的时空变化特征。

(2)根据实验成果，总结土壤二维水分运动特征和土槽内土壤溶质的相互转化情况。

3. 编写实验报告

编写包气带土壤渗流综合实验报告。

七、注意事项

(1)实验前，务必检查实验条件的完备情况、量测仪器的正常工作与否。

(2)实验过程中，必须注意实验条件的稳定性和可靠性以及量测仪器的稳定性、灵敏性。

八、思考题

(1)分析大型包气带土壤渗流物理模拟装置开展控制性实验的精度影响因素?

(2)简述大型包气带土壤渗流物理模拟装置开展控制性实验的优缺点?

主要参考文献

陈崇希,李国敏.地下水溶质运移理论及模型[M].武汉:中国地质大学出版社,1996

陈立新.土壤实验实习教程[M].哈尔滨:东北林业大学出版社,2005

董佩.潜水面动态蒸发的砂柱实验研究[D].北京:中国地质大学,2010

华孟,王坚.土壤物理学(附实验指导)[M].北京:北京农业大学出版社,1993

黄爽,蔡树英,王富庆.应用时域反射仪测定非饱和土壤水力传导度的方法[J].中国农村水利水电(农田水利与小水电),1999(3):15-17

交通部公路科学研究院.公路土工实验规程(JTG-2007)(第一版)[M].北京:人民交通出版社,2007

雷志栋,杨诗秀,谢森传.土壤水动力学[M].北京:清华大学出版社,1988

刘兆昌,张兰生,聂永丰等.地下水系统的污染与控制[M].北京:中国环境科学出版社,1991

马传明.测定松散土体试样给水度实验仪的研制[J]. 地质科技情报,2005,24(增):199-201

沈荣开,张瑜芳,王富庆. 确定土壤水运动参数的短柱实验分析法[J].武汉水利电力大学学报,1996(1):7-10

汪增涛.蓄水坑灌条件下土壤蒸发试验研究及数值模拟[D].太原:太原理工大学,2007

王红云,赵连俊.环境化学(第二版)[M].北京:化学工业出版社,2010

王利书,郭凤台,侯毅凯.实验室非饱和土壤水分运动参数微机测定系统的应用[J].水科学与工程技术,2007(6):11-14

席临平,杨胜科.水文与水资源实验技术[M]. 北京:化学工业出版社,2008

谢森传,杨诗秀,雷志栋.水平入渗条件下溶质含量对土壤水分运动的影响和土壤水盐运动综合扩散系数 $D(\theta)$ 的测定[J].灌溉排水,1998(1):6-12

谢贤群,王立军.水环境要素观测与分析[M].北京:中国标准出版社,1998

许兆义.包气带水文地质专论[M].北京:地震出版社,1993

许兆义.支持毛细水的横向渗流机制研究[J].水文地质工程地质,1988(06):1-4

张明泉,曾正中,高洪宣.室内二维弥散试验研究[J].兰州大学学报(自然科学版),1993,29(4):274-278

张蔚臻. 地下水与土壤水动力学[M].北京:中国水利水电出版社,1996